BIBLIOTHÈQUE DES PROFESSIONS
INDUSTRIELLES, COMMERCIALES ET AGRICOLES

MANUEL DE

MÉTÉOROLOGIE
AGRICOLE

APPLIQUÉE AUX TRAVAUX DES CHAMPS, A LA PHYSIOLOGIE VÉGÉTALE
ET A LA PRÉVISION DU TEMPS

PAR

F. CANU

Météorologiste-publiciste

ET

ALBERT LARBALÉTRIER

Diplômé de l'École de Grignon et ancien élève libre
de l'Institut national agronomique, Sous-directeur, professeur d'agriculture
à la ferme-école de la Pilletière etc., etc.

Agriculture

Jardinage

Série H

N° 16

PARIS

J. HETZEL ET Cie, ÉDITEURS

18, RUE JACOB, 18

MANUEL

DE

MÉTÉOROLOGIE AGRICOLE

TYPOGRAPHIE FIRMIN-DIDOT. — MESNIL (EURE).

MANUEL

DE

MÉTÉOROLOGIE

AGRICOLE

APPLIQUÉE AUX TRAVAUX DES CHAMPS
A LA PHYSIOLOGIE VÉGÉTALE ET A
LA PRÉVISION DU TEMPS

PAR

F. CANU

Météorologiste-publiciste

ET

ALBERT LARBALÉTRIER

Diplômé de l'École de Grignon et ancien élève libre de l'Institut national agronomique
Sous-directeur, professeur d'agriculture à la ferme-école de la Pilletière, etc., etc.

Agriculture

Jardinage

—

Série H

N° 16

—

PARIS

J. HETZEL ET Cie, ÉDITEURS

18, RUE JACOB, 18

—

A MONSIEUR P. DE VILLEPIN,

Hommage de respect et de reconnaissance.

F. CANU.

Albert LARBALÉTRIER.

PRÉFACE

En publiant cette « *Météorologie agricole*, » nous avons voulu : 1° Exposer l'état complet de cette science afin d'encourager les recherches ; 2° Critiquer les mauvaises méthodes et les résultats erronés ; 3° Donner à nos lecteurs toutes les indications pratiques qui pourraient leur être utiles — c'est la partie la plus complète ; — 4° Montrer les liens qui unissent la Météorologie agricole à la Physiologie végétale.

Aucun livre, fait sur ce plan, n'a été publié jusqu'à ce jour. C'est donc un travail utile et nécessaire que nous avons entrepris. Il est indispensable à l'agriculteur qui, notre livre en main, peut suivre pas à pas les changements atmosphériques et trouver les moyens pratiques de s'en garantir. Il est indispensable au physiologiste qui peut y trouver les notes les plus intéressantes et les plus complètes peut-être qui aient été publiées sur la matière.

Ce n'est donc pas seulement un livre de vulgarisation, c'est encore un livre de science pure offert à la critique judicieuse des savants.

Il ne nous reste plus qu'à remercier ici notre excellent ami M. Albert Larbalétrier, qui a bien voulu se charger de la partie purement agricole de ce modeste travail.

F. CANU.

Paris, septembre 1884.

MÉTÉOROLOGIE

AGRICOLE

NOTIONS PRÉLIMINAIRES

Définition. — La *Météorologie agricole* est cette branche de la Météorologie générale qui traite des rapports des météores avec l'agriculture.

But. — Le but de la Météorologie agricole est très multiple :

1° Mode d'action de chaque météore sur les terres et les végétaux (*Physiologie végétale*).

2° Moyens pratiques de remédier aux effets désastreux de quelques météores (*Pratique agricole*).

3° Emploi qu'on peut faire de certains météores, sous le rapport de la force qu'ils procurent gratuitement (*Économie rurale*).

4° Moyens d'annoncer les météores à l'avance, tantôt pour les éviter lorsqu'ils sont nuisibles, tantôt pour les utiliser lorsqu'ils sont utiles (*Prévision du temps*).

5° Connaissance de l'action réciproque des variations de culture sur celles du temps (*Climatologie agricole*).

Ici, nous ne nous occuperons pas de la Climatologie agricole, vu le peu d'applications que peut avoir cette science.

Dans tout ce qui va suivre, nous avons supposé que le lecteur connaissait les météores et les lois qui les régissent. Nous n'en avons décrit aucun et nous sommes strictement restés dans le programme que nous nous sommes imposé. Les livres élémentaires de météorologie théorique ne manquent pas et nous y renvoyons le lecteur.

CHAPITRE PREMIER.

CHALEUR.

Le rôle de la chaleur en agriculture est énorme. Peut-être a-t-il été souvent exagéré à l'exclusion d'une foule d'autres ! Cependant il n'en reste pas moins l'élément primordial.

Nous diviserons l'étude de la chaleur au point de vue agricole en trois parties : 1° Action de la chaleur sur le sol arable ; 2° Action de la chaleur sur les végétaux ; 3° Action de la chaleur sur les animaux.

A. — *Action de la chaleur sur le sol.*

L'action de la chaleur sur le sol est triple : physique, comme dans les phénomènes d'échauffement et de desséchement ; mécanique, comme dans les phénomènes de retrait ; chimique, comme dans les phénomènes résultant de son mélange avec les engrais.

a. Échauffement. — Comme tous les corps, le sol arable s'échauffe sous l'influence des rayons solaires. Cet échauffement est dû à une certaine absorption qu'il faut connaître. Cette absorption est *théorique* quand on ne tient compte que de la composition chimique et moléculaire du sol arable ; elle est *pratique* quand on tient encore compte de son agrégation, de son hétérogénéité, de sa couleur, etc.

1. *Absorption théorique.* — Schlüber a déterminé pour un certain nombre de terres les coefficients d'absorption. Ces coefficients mesurent naturellement aussi leur échauffement théorique :

TABLEAU I. — *Coefficients d'absorption calorifique.*

Sables calcaires	100	Terre silico-argileuse (Hofwill)	70,1
Sables siliceux	95,16	Terre argileuse	68,4
Terre sil.-argileuse (glaise maigre)	76,9	Argile pure noire	66,7
Terre silico-argileuse calcaire (du Jura)	74,3	Terre de jardin	64,8
Plâtre	73,5	Argile pure grasse	63,7
Terre argilo-siliceuse(glaise maigre)	71,1	Carbonate de chaux	61,8
		Humus	49
		Carbonate de magnésie	38

2. *Absorption réelle.* — Une foule de circonstances dues aux propriétés physiques et mécaniques des terres peuvent venir troubler la valeur de ces coefficients théoriques :

1° Les sols graveleux absorbent plus de chaleur que les sols pierreux et sablonneux.

2° Le mélange des pierres avec les argiles ou les sables donne à ces derniers un moindre pouvoir absorbant.

3° Les sols de couleur foncée absorbent plus de chaleur que ceux de couleur claire.

4° L'inclinaison et l'exposition des terres agissent dans le sens prévu par la théorie générale de l'absorption.

Enfin la capacité calorifique et les variations d'humidité ont une certaine influence.

3. *Capacité calorifique.* — La capacité calorifique varie dans le même sens que l'absorption. Voici quelques nombres, d'après Pfaundler, qui l'établissent.

TABLEAU II. — *Capacité calorifique.*

Sable pur	0,19 à 0,21	Argile d'une lande stérile	0,28
Terre schisteuse	0,22	Terreau léger foncé	0,44
Terreau d'une prairie	0,26	Tourbe légère	0,53
Terre jaunâtre de grès	0,27	Terre granitique	0,36
Terre brune d'une montagne calcaire	0,20 à 0,33	Terreau d'un champ de blé	0,30

Pour montrer combien varie d'ailleurs la chaleur spécifique des terres voici quelques autres résultats d'après Vogel [1] :

Sable	0,1282	Calcaire pulvérulent	0,1900
Sable argileux	0,1572	Humus	0,2000
Argile	0,1784		

Ces divergences de résultats s'expliquent par l'hétérogénéité même des échantillons et les modes d'expérimentation.

4. *Variations d'humidité.* — Les variations de l'humidité du sol sont encore, avons-nous dit, une cause d'irrégularité de leur échauffement. Pouriau a fait quelques études à ce sujet ; voici ce qu'il a remarqué :

Dans les terres à sous-sol perméable, la terre étant moins humide, la chaleur s'accroît dans les couches superficielles. De plus, les eaux pluviales traversant ces couches, s'échauffent à leur tour et tendent à augmenter la thermalité des couches profondes.

Dans les terres à sous-sol imperméable la nappe d'eau stationnaire s'oppose à leur échauffement. Il résulte de là, que l'eau drainée dans ces sortes de terres est toujours à une température beaucoup plus élevée. Mais le drainage enlevant le trop plein des eaux pluviales, les terres se réchauffent et donnent des récoltes plus hâtives.

5. *Marche de la température dans le sol.* — D'après MM. Edmond et Henri Becquerel [2] la température moyenne de l'année à diverses profondeurs serait de :

11°25 à 1 mètre.	12°05 à 16 mètres.	12°33 à 31 mètres.
11°97 à 6 mètres.	12°10 à 21 mètres.	12°44 à 36 mètres.
12° à 11 mètres.	12°37 à 26 mètres.	

1. Vogel, *Journal d'agriculture pratique*, 1870-71, p. 310.

2. Becquerel, *Annales du Bureau central météorologique de France Étude des orages en France et mémoires divers,* Paris, in-pl., 1879, p. 62.

En outre : 1° la température est un peu plus élevée sous le sol gazonné que sous le sol dénudé.

2° La température moyenne de chaque mois prise à 6 h. du matin à cinq mètres de profondeur, est toujours plus élevée sous le sol gazonné que sous le sol dénudé.

3° A 3 h. du soir, de février à la mi-octobre la température est plus élevée sous le sol dénudé que sous le sol gazonné.

6. *Émission calorifique des terres.* — Comme on peut le voir par l'examen du travail précédent, les différentes causes qui agissent sur l'absorption calorifique des terres ne suffisent pas pour expliquer la marche de la température dans leur sein. Il faut encore faire intervenir le pouvoir qu'ont les terres de conduire, de retenir et d'émettre la chaleur.

Or, ce triple phénomène s'opère dans le même sens que l'absorption, ce qui facilite singulièrement les choses. Ainsi les sables siliceux qui absorbent très vite beaucoup de chaleur, la perdent avec la même facilité. Au contraire l'humus qui s'échauffe lentement, par suite de son faible coefficient d'absorption, garde beaucoup plus longtemps sa chaleur.

Ce fait explique les grandes variations thermiques qui se font au sein des terres sablonneuses, la régularité de la courbe thermique donnée par l'humus et les différences entre le sol gazonné et le sol dénudé.

b. **Desséchement.** — 1.*Effets généraux.*— La chaleur solaire faisant évaporer l'eau, le résultat immédiat de son action sur les terres est de les dessécher. Ce desséchement s'opère avec une vitesse très variable selon les circonstances locales. Dans les terrains à sous-sol imperméable il se fait lentement, car la moitié des eaux doit s'en aller par évaporation. Si le sous-sol est perméable, la terre se dessèche avec rapidité et forme croûte.

M. Félix Masure a publié [1] un très beau travail sur le desséchement des terres. En voici le résumé :

1. Félix Masure, *De l'évaporation. Annales agronomiques*, t. VI, 1880, p. 483.

« 1° Quand la terre est humide au point d'avoir sa surface elle-même mouillée en tous ses points, la terre évapore plus que l'eau libre elle-même.

« 2° Quand elle est encore assez humide, mais non mouillée à l'excès, elle évapore à peu près autant que l'eau libre pour la même surface.

« 3° Enfin, à mesure que la terre se dessèche elle évapore moins que l'eau et d'autant moins qu'elle est plus sèche. »

Tous ces phénomènes s'expliquent d'ailleurs parfaitement par les propriétés physiques, mécaniques et hygroscopiques des terres. Ajoutons encore que, d'après M. J. Maistre [1], un terrain découvert évapore bien plus qu'un terrain boisé.

2. *Retrait.* — Les terres gonflées par les eaux pluviales, éprouvent quand elles se dessèchent un *retrait* quelquefois très considérable. Il cause souvent le déchaussement des plantes.

Schlüber a déterminé le retrait et le desséchement pour 100 en volume de différentes terres. Voici ses résultats.

Tableau III. — *Retrait et desséchement.*

Humus	200	Terre argilo-siliceuse (glaise grasse)	89
Argile pure	183	Terre sil.-arg. (glaise maigre)	60
Carbonate de magnésie	154	Carbonate de chaux	50
Terre de jardin	149	Sable siliceux	0
Terre sil.-argileuse (Hofwill)	120	Sable calcaire	0
Terre argileuse	114	Plâtre	0
Terre sil.-arg. calcaire (Jura)	95		

3. *Action chimique.* — Un sol décompose plus rapidement les engrais et les conserve à l'état de vieille graisse d'autant moins qu'il s'échauffe plus facilement (Lefour) [2].

1. J. Maistre, *Analyse de l'influence des forêts et des cultures sur le climat et le régime des sources.*
2. Lefour, *Sol et engrais,* Paris, 1881, in-12.

B. — *Action de la chaleur sur la plante.*

Nous diviserons l'étude de l'action de la chaleur sur la plante en deux parties : 1° Action sur les fonctions de la plante ; 2° Action sur la plante elle-même. Cette dernière division pourra comprendre elle-même une action *physiologique* (germination, végétation, etc.) et une action *physique* (dilatation, etc.).

a. Fonctions. — D'après J. Sachs [1] chaque fonction est déterminée par certaines limites de température. La température inférieure est un zéro physiologique à partir de laquelle les fonctions sont accélérées à mesure que la température augmente. Le maximum de leur activité est atteint pour une certaine température, plus favorable que les autres, qui est la *température optimum*. L'activité fonctionnelle diminue ensuite jusqu'à atteindre une limite supérieure de température au delà de laquelle les phénomènes ne se produisent plus.

Les principales fonctions directement influencées par la chaleur sont la respiration et l'évaporation ; nous allons les passer en revue.

1. *Respiration.* — La respiration des végétaux est analogue à celle des animaux ; ils absorbent de l'oxygène et dégagent de l'acide carbonique. Mais ce phénomène ne s'opère que la nuit, car le jour il est masqué par le phènomène contraire de l'assimilation qui s'opère selon l'éclairement.

I. *La respiration des végétaux n'exerce aucune influence sur leurs aptitudes thermiques.* En effet, si les végétaux respirent comme les animaux, c'est-à-dire brûlent du carbone et dégagent de la chaleur, celle-ci dans la période d'une journée est excessivement faible. De plus, les végétaux sont

---

1. J. Sachs, *Physiologie végétale*, traduite par Micheli, Paris, in-8°.
J. Sachs, *Traité de botanique*, traduit par Van-Tieghem, Paris, in-4°, 1874, p. 853.

tout entiers en surface et la faible chaleur produite trouve une plus large voie pour sa diffusion dans l'air. Enfin, ils sont traversés par la sève ascendante qui, s'évapore aux feuilles, donnant lieu à une production de froid. Il faut donc que les végétaux soient placés dans des conditions toutes particulières pour qu'il soit possible d'apprécier la chaleur qu'ils produisent. En réalité, on peut admettre que la respiration des végétaux n'exerce aucune influence sur leurs facultés thermiques [1].

L'activité des végétaux se mesure par celle de leur respiration (Marié-Davy); aussi importe-t-il de bien connaître cette dernière.

II. Le travail le plus complet qui ait été publié à cet égard est celui de M. Moissan [2].

La chaleur n'agit pas seulement sur l'activité respiratoire du végétal, mais encore sur les produits de cette fonction. Nous allons traiter séparément chacun de ces problèmes.

D'après M. Moissan : *l'activité respiratoire est proportionnelle à la température*. Ainsi, 100 gr. de rameaux de *pinus excelsa* donnent en 10 heures 0 gr. 025 (ou 3 centimètres cubes) d'acide carbonique à la température de 12° et 0 gr. 139 à celle de 30°. De même 100 gr. de rameaux de marronnier ont donné en 10 heures 0 gr. 027 d'acide carbonique à 10° et 0 gr. 140 à celle de 28°. De même encore 10 gr. de pétales d'*iris germanica* ont donné 5^{cc},69 d'acide carbonique à la température de 10° et 10^{cc},34 à celle de 19°.

D'un autre côté les expériences de M. Moissan tendent à établir que :

« 1° A basse température il y a plus d'oxygène absorbé que d'acide carbonique produit;

1. D'après Marié-Davy, *Météorologie agricole*. (*Annuaire de l'observatoire de Montsouris* pour 1882, p. 191.)

2. Moissan, *Annales agronomiques* pour 1879, premier fascicule d'avril.

« 2° Il existe pour les végétaux une température, variable avec l'espèce, pour laquelle le volume d'oxygène absorbé est égal au volume d'acide carbonique produit ;

« 3° Passé cette température il y a moins d'oxygène absorbé que d'acide carbonique produit. »

Ainsi le *pinus pinaster* dégage 50 vol. d'acide carbonique pour 100 vol. d'oxygène absorbés à 0°, tandis qu'il produit 77 vol. d'acide carbonique à 13° et 114 vol. à 40°, toujours pour la même absorption d'oxygène. Ce fait explique les résultats de Saussure qui avait trouvé que les feuilles du chêne (*quercus robur*), du marronnier d'Inde (*œsculus hippocastanum*) [1], du *robinia pseudo-acacia* diminuent la nuit le volume de leur atmosphère par l'absorption d'un certain volume moindre d'acide carbonique.

III. Il est extrêmement difficile d'expliquer tous ces derniers résultats. M. Dehérain y est cependant parvenu à l'aide d'une théorie aussi ingénieuse que savante :

L'acide carbonique renfermant un volume d'oxygène égal au sien il faut, pour expliquer l'excès du volume d'oxygène absorbé sur celui de l'acide carbonique produit, faire les deux suppositions suivantes :

1° Une partie de l'hydrogène des composés organiques des végétaux est brûlée en même temps que leur carbone ; et c'est en effet ce qui doit arriver pour ceux de ces composés qui ne peuvent pas être considérés comme renfermant les éléments de l'eau combinés au carbone ;

2° L'oxydation de ces composés organiques s'arrête à des degrés intermédiaires sous l'influence d'une température peu élevée ; et c'est ce qui arrive pour la formation des acides oxalique, malique, tartrique, etc., que l'on peut considérer comme provenant d'une oxydation incomplète des hydrates de carbone.

---

1. Vulgairement *châtaigne chevaline*.

Ainsi, non seulement la chaleur influencerait la respiration et les produits de cette fonction, mais encore concourrait par son intermédiaire à la formation des composés organiques des végétaux et plus sûrement encore à leur migration. Nous verrons un peu plus tard, quand nous aurons examiné l'action de la lumière, que cette théorie est confirmée par d'autres observations.

2. *Évaporation*. — Les phénomènes d'évaporation végétale ne sont visibles que la nuit : le jour ils sont cachés par ceux de la transpiration qui s'opère dans le même sens. Nous avons appelé *exhalaison aqueuse* la réunion de ces deux phénomènes dont nous parlerons après la lumière.

I. Pour l'instant nous ajouterons seulement avec M. Dehérain :

1° Les plantes à feuilles persistantes évaporent moins que les plantes à feuilles caduques ;

2° Les jeunes feuilles évaporent plus que les vieilles feuilles ; résultats qui prouveraient que l'évaporation végétale n'est pas un phénomène purement physique, mais qu'elle serait plus ou moins bien liée à la physiologie du végétal.

II. Quoi qu'il en soit, l'évaporation est proportionnelle à la chaleur et en rapport intime avec la quantité d'eau mise à la disposition de la plante et avec l'humidité de l'air. D'ailleurs une étude complète sur ce sujet ne mènerait à aucun résultat pratique. Mais il était cependant nécessaire de dédoubler l'*exhalaison aqueuse* pour bien comprendre le mécanisme de cette dernière fonction.

b. **Évolution.** — La chaleur agit considérablement sur le développement de la plante : germination, végétation, feuillaison, floraison, maturité, sont tour à tour influencées par elle.

1. *Germination*. — I. *Pour une même région et une même variété, chaque végétal ne germe qu'à une température donnée.* Pour le blé (*triticum sativum*) la température minimum de germination est de 5°. Au-dessous de cette température, il

ne germe plus. Le phénomène prend fin théoriquement parlant, quand l'épiderme du grain est percé, ce qui arrive lorsqu'il a reçu une somme de températures moyennes diurnes de 84°. Si nous cherchons les températures de germination de quelques plantes, nous trouvons les résultats suivants :

TABLEAU IV. — Températures de germination.

Trèfle des prés (*Trifolium pratense*)...............	4°	[1]	Hélianthe annuel (*Helianthus annuus*)............	6°	[1]
Luzerne (*Medicago sativa*)...	4°	[1]	Melon (*Cucumis melo*)......	8°	[2]
Lentille (*Ervum lens*)........	4°	[1]	Haricot d'Espagne (*Phaseolus multiflora*)........	9°4	[1]
Rave (*Raphanus sativus*)....	4°	[1]			
Navet (*Brassica napus*).....	4°	[1]	Maïs (*Zea maïs*)..........	9°4	[1]
Orge (*Hordeum*)...........	5°	[2]	Giraumon (*Cucurbita pepo*)..................	13°7	[1]
Capucine (*Tropæol. majus*)...	6°	[1]			

II. *La durée de la germination augmente à mesure que les semailles sont plus tardives.*

Ainsi, les moyennes de huit années d'observation à Montsouris ont donné [3] :

Blés semés le 1er octobre ont germé	6,4 jours après,
— 15 — —	7,5 —
— 1er novembre —	13, —
— 15 — —	33,4 —

Les blés semés tardivement resteront donc exposés aux influences thermiques, aux déprédations des insectes, pendant leur germination. Mais leur qualité est meilleure. En outre, les blés semés hâtivement sont exposés aux gelées du printemps (voir tableau V à la fin du volume).

1. J. Sachs, *Physiologie végétale*, trad. par Micheli, Paris, in-8°, p. 59.

2. A. de Vaulabelle, *Physique du globe et météorologie populaires*, Paris, 1883.

3. Comme les tableaux, quand ils sont trop étendus et trop nombreux, embrouillent l'imagination du lecteur, les nôtres seront relégués à la fin du volume, à moins qu'ils ne soient absolument nécessaires au texte ou d'une grande importance pratique.

III. Dans nos campagnes il est un certain nombre d'usages locaux ayant trait à la germination et aux semailles que nous tenons à expliquer ici. Au dire des paysans la date la plus propice aux semailles est le 9 octobre pour le blé :

> A la Saint-Denis (9 octobre)
> La bonne semerie.

Cette date n'est pas exclusive, ils en indiquent encore d'autres :

> Au sept septembre sème ton blé,
> Car ce jour vaut du fumier.
> Sème tes blés à la Saint-Maurice (22 septembre)
> Tu en auras à ton caprice ;
> Sème-les à la Saint-Denis (9 octobre)
> Tu contempleras tes semis.

> Sème à la Saint-Luc (18 octobre) que les terres soient molles ou dures.

> Passé la Saint-Clément (23 novembre)
> Ne sème plus froment. (Normandie, Anjou.)

Des remarques analogues ont été faites sur les haricots, l'orge, le navet.

> Sème tes haricots à la Sainte-Croix (3 mai)
> Tu en récolteras plus que pour toi.
> Sème à la Saint-Gengoult (11 mai)
> Un t'en donnera beaucoup.
> Sème à la Saint-Didier (23 mai)
> Pour un tu auras un millier.

> A la Saint-George (23 avril)
> Bonhomme sème ton orge.

> A la Saint-Marc (25 avril)
> Il est trop tard. (Normandie, Anjou.)

> Qui veut bon navet
> Le sème en juillet. (Anjou.)

IV. Au point de vue des moyens pratiques employés pour déterminer l'action de la chaleur sur la germination, nous ferons les observations suivantes :

1° Ce n'est pas la température de l'air qu'il faudrait mesurer, mais celle de la terre dans laquelle est enfermée la graine. Il est en effet prouvé que la température extérieure n'est nullement en rapport avec la température des couches superficielles de terre arable.

2° Il ne faudrait pas prendre la somme des températures diurnes pour mesurer la durée de la germination, mais le nombre de calories absorbées par la graine elle-même. On arriverait sûrement à des résultats plus exacts.

2. *Végétation et croissance.* — I. *Pour une même région et une même variété, chaque végétal ne croît qu'à une température donnée qui lui est spécifique,* comme on peut le voir dans le tableau suivant :

TABLEAU VI. — *Températures de végétation* [1].

Mélèze (*Larix europea*).....	—40°	Trèfle (*Trifolium*).........	4°
Murier blanc (*Morus alba*)..	—25°	Orge (*Hordeum*)..........	5°
Pâquerette (*Bellis perennis*).	0°	Blé (*Triticum sativum*).....	6°
Pomme de terre (*Solanum tuberosum*)...............	+1°	Vigne (*Vitis vinifera*)......	10°5
Cornichon (*Cucumis sativus*).	1°	Citrouille (*Cucurbita citrullus*)....................	13°5
Radis (*Raphanus rotondus*).	4°	Melon (*Cucumis melo*)......	14°

Au-dessous de cette température de végétation, les végétaux ne croissent plus. Cependant ils ne rétrogradent pas, c'est ce qui faisait dire à Gasparin « que la végétation ne marche que par degrés de chaleur. » Aussi, quand on veut évaluer la somme de températures nécessaires à un végétal, faut-il élaguer toutes celles qui sont inférieures à sa température minimum de croissance.

II. Quant à la température maxima à laquelle les plantes cessent de végéter, elle varie dans de faibles limites et on l'a fixée à + 50° [2].

---

1. Voir le tableau VI *bis* à la fin du volume. Il contient un plus grand nombre de végétaux.

2. Voir le tableau VI *ter* à la fin du volume.

III. A propos du procédé qui consiste à élaguer les températures moyennes diurnes inférieures à la température minima de croissance d'un végétal, nous ferons remarquer qu'il peut arriver souvent que la température moyenne d'une journée soit au-dessous de la température de végétation et que le végétal se soit cependant beaucoup accru. Il suffit d'une journée tiède précédée d'une nuit très froide. C'est là un des grands inconvénients du système des moyennes en météorologie, inconvénients qui n'existeraient pas si l'on calculait la quantité de calories que doit absorber le végétal pour accomplir une certaine partie de son cycle végétatif.

3. *Feuillaison.* — I. *Pour une même région et une même variété chaque végétal ne parvient à la feuillaison qu'à une température donnée qui lui est spécifique.* Ainsi, d'après Gasparin [1], la feuillaison des végétaux suivants ne s'opère qu'à la température posée en regard.

TABLEAU VII. — *Températures de feuillaison.*

Chèvrefeuille des bois (*Lonicera perichymenum*).....	3°	Pommier (*Pyrus malus*)....	8°
Groseillier épineux (*Ribes uva-crispa*).................	3°	Figuier (*Ficus carica*)......	8°
Lilas (*Lilac communis*).....	5°	Mûrier (*Morus alba*).......	9°8
Groseillier ordinaire (*Ribes album*)................	6°	Noyer (*Juglans regia*)......	9°8
Saule marceau (*Salix caprea*).	6°	Luzerne (*Medicago polymorphea*)....................	10°
Marronnier d'Inde (*Æsculus hippocastanum*)..........	7°	Vigne (*Vitis vinifera*)......	10°5
		Aulne (*Alnus communis*)....	12°
		Chêne (*Quercus robur*)......	12°5
		Acacia.....................	13°5

Il faut que ces températures soient dépassées d'une manière durable pour que la feuillaison puisse s'opérer. Les nombres de ce tableau sont bons peut-être pour la France méridionale, mais ils paraissent trop faibles pour la France septentrionale. Ainsi à Paris la feuillaison de la vigne (*Vitis vinifera*) ne se produit qu'à 11 ou 12° d'après Marié-Davy.

[1] Gasparin, *Cours d'agriculture*, Paris, in-8°, 1864.

II. Ce fait paraît être assez général. Quand le voisinage de la mer ou des montagnes ne vient pas troubler les résultats, il est de remarque que la température de feuillaison augmente avec la latitude [1]. Par exemple, le *Prunus padus*, qui, en Scanie (56° lat. N.) se couvre de feuilles à 8° 6, n'arrive à sa feuillaison dans la Laponie nord (67° lat. N.) qu'à 10° 8.

III. Pour l'effeuillaison [2] les phénomènes sont inverses : la température d'effeuillaison diminue à mesure que l'on s'éloigne de l'équateur. Par exemple le peuplier tremble (*Populus tremula*) qui, en Scanie (56° lat. N.), perd ses feuilles à 7°7, ne les perd qu'à 3° 7 dans le Vesterbotten (65° lat. N.).

4. *Floraison.* — I. *Pour une même région et une même variété chaque végétal n'arrive à sa floraison qu'à une température moyenne qui lui est spécifique.* Ainsi les végétaux suivants n'arrivent à leur floraison qu'à la température moyenne diurne placée en regard.

TABLEAU VIII. — *Températures de floraison* [3].

En Provence [4].		En Belgique [5].	
Peuplier blanc (*Populus alba*).	4°	Chanvre (*Cannabis sativa*)...	19°
Chèvrefeuille (*Lonicera caprifolium*)..............	5°.	Violette (*Viola odorata*)....	6°
Amandier (*Amygdalus communis*)	6°	Cerisier (*Cerasus avium*) ...	8°
Seigle (*Secale cereale*)......	14°2	Fève (*Faba major*).........	11°
Froment (*Triticum sativum*).	16°3	Seigle (*Secale cereale*)......	13°
		Froment (*Triticum sativum*).	14°
		Chanvre (*Canabis sativa*)...:	19°

1. Voir le tableau VII *bis* à la fin du volume.

2. Voir pour plus de détails le tableau VII *ter* à la fin du volume.

3. Voir le tableau VIII *bi sà* la fin du volume, qui est plus détaillé.

4. D'après Gasparin, *Cours d'agriculture*, Paris, in-8°, 1864. Ces nombres sont les moyennes diurnes.

. 5. D'après Houzeau et Lancaster, *Traité élémentaire de météorologie*, Paris, in-8°, 1880. Ces nombres sont les températures à 9 h. du matin que l'on suppose égales aux moyennes diurnes.

Rien qu'à la simple inspection de ce petit tableau on voit que la température de floraison diminue dans les régions septentrionales. D'ailleurs, il est un fait assez certain, c'est que la température de floraison diminue à mesure que l'on s'éloigne de l'équateur; par exemple, la primevère officinale (*Primula officinalis*), qui fleurit à 8° 9 en Scanie (56° lat. N.), fleurit encore à 7° 4 à Gèfle (61° lat. N.) [1]. Cependant nous pourrons citer des exceptions à cette remarque, notamment le seigle d'hiver (*Secale cereale hybernum*) qui fleurit à 12° 4 en Scanie (56° lat. N.) et à 14° 7 dans le Vesterbotten (65° lat. N.). Il est probable que l'humidité, le voisinage de la mer ou des montagnes viennent influencer ces résultats.

II. *Pour une même région et une même variété, chaque végétal ne parvient à sa floraison qu'après avoir reçu une quantité de chaleur qui lui est spécifique.* C'est ce que l'on peut voir dans le tableau ci-dessous.

TABLEAU IX. — *Sommes de floraison* [2].

Végétaux.	Somm.	Contrées.	Commenc. de l'observ.	Citateurs.
Blé (*Triticum sativum*).	813°	Provence.	Repr. de la végét.	Gasparin.
Id.	1496°	Paris.	Semis.	Marié-Davy.
Id.	860°	Paris.	Talage.	Marié-Davy.
Vigne (*Vitis vinifera*)..	466°	Paris.	30 j. av. la floraison	Marié-Davy.
Brome rude (*Bromus asper*)	2552°	Belgique.	Semis.	Demoor.
Leslerie bleue (*Lesleria cærulea*)...........	410°	Belgique.	Semis.	Demoor.

III. Voir la remarque à la fin de la maturité.

5. *Maturité.* — I. *Pour une même région et une même variété, chaque végétal ne mûrit qu'à une température moyenne donnée qui lui est spécifique.*

1. Voir, pour plus de détails, le tableau VIII *ter* à la fin du volume.
2. Voir pour plus de détails le tableau IX *bis* à la fin du volume.

Nous donnons dans le tableau X quelques exemples à l'appui de cette loi.

TABLEAU X. — *Températures de maturité* [1].

Vigne (*Vitis vinifera*) [2]	13°	Chaleur croissante [3].	
Pois verts (*Pisum sativum*)	16°	Groseillier (*Ribes communis*).	17°8
Sainfoin (*Onobrychis sativa*).	18°	Pêcher (*Amygdalis persica*).	20°
Fraisier (*Fragaria vesca*)...	19°	Melon (*Cucumis melo*)......	22°6
Seigle (*Secale cereale*)......	19°	Chaleur décroissante.	
Blé (*Triticum sativum*).....	20°	Maïs (*Zea maïs*)...........	17°2
Avoine (*Avena*)...........	20°	Grenade (*Punica granatum*).	15°
Chanvre (*Cannabis sativa*)..	22°	Olivier (*Olea europœa*).....	10°

Les différences entre les expérimentateurs proviennent des contrées, des variétés et de la somme de chaleur que nécessite chaque variété.

Selon Hildebranson, plus la période végétative est longue dans une contrée, plus est élevée la température à laquelle les fruits atteignent leur maturité. Ainsi :

A 12°1 la longueur de végétation serait de 160 à 179 jours.
13°6 — — 180 à 199
14°3 — — 200 à 219
14°5 — — 220 à 239
15°8 — — 240 à 260

Mais si ces nombres conviennent à la Scandinavie, ils sont complètement faux pour nos contrées. Cependant, la température de maturité diminue à mesure que l'on s'éloigne de l'équateur [4].

II. *Pour une même région et une même variété chaque*

1. Voir pour plus de détails le tableau X *bis* à la fin du volume.

2. Les températures de cette colonne données par Houzeau et Lancaster sont celles de 9 h. du matin.

3. Les températures de cette colonne données par Gasparin sont des moyennes diurnes.

4. Voir le tableau X *ter* à la fin du volume.

végétal nécessite pour mûrir une certaine somme de chaleur qui lui est spécifique. Le tableau XI a été fait sur les indications de différents auteurs. Ce sont les sommes diurnes des températures observées au soleil depuis la reprise de la végétation.

TABLEAU XI. — *Sommes de maturation* [1].

Blé (*Triticum*).....	2000 à 2400°	Avoine (*Avena*)..........	2197°
Maïs (*Zea maïs*)...,	2600 à 2900°	Fève (*Faba major*)........	2210°
Figuier (*Ficus*)...........	2177°	Orge (*Hordeum*)..........	1810°
Pomme de terre (*Solanum*		Sarrazin (*Polygonum fago-*	
tuberosum)....,...	2800 à 3000°	*pyrum*)................	1579°

III. Tous ces nombres n'ont d'ailleurs rien d'absolu, tant ils varient avec les variétés, les climats et les modes d'observation. Citons, par exemple, le blé qui a toujours été l'objet de l'attention des physiologistes.

D'après Boussingault le blé n'exigerait pour arriver à maturité que 1900 à 2000° de chaleur. Mais il ajoute qu'il y a des variétés communes qui sont plus ou moins hâtives et dont chacune d'elles exige une somme de chaleur qui lui est particulière.

Si nous prenons la durée d'une végétation moyenne, on trouve, en ne comptant que les températures à partir du 1er février :

Orange......	1601°	(Gasparin).
Paris........	1970°	(Marié-Davy).
Upsal.......	1546°	(Marié-Davy).
Lynden	675°	(Marié-Davy).
Avignon.....	1900°	(Giraud).

Au contraire, d'après Gasparin, c'est la température au soleil qu'il faut observer et les écarts sont moins considérables :

1. Voir le tableau XI *bis* à la fin du volume pour plus de détails.

Orange...... 2468° (Gasparin).
Paris........ 2433° (Marié-Davy).
Avignon..... 2028° (Giraud),

en ne comptant toujours que depuis le 1ᵉʳ février.

Enfin M. Hervé Mangon calcule la somme de températures diurnes reçues par le végétal depuis les semailles et défalque toutes les températures inférieures à 6°. Par cette méthode l'on a trouvé :

Froment d'Algérie............ 2462° (Balland).
Froment de Normandie........ 2365° (Hervé-Mangon).
Froment de Paris............ 2433° (Marié-Davy).

Ces derniers résultats sont un peu plus concordants ; mais ce n'est point là l'exactitude à laquelle il faudrait parvenir.

IV. La diversité des résultats nous prouve que la méthode employée n'est pas bonne.

1° Le principe de la somme des moyennes diurnes est faux parce que chaque observateur les calcule différemment. Ici c'est la moyenne du maximum et minimum, là celle de 24 observations ; autre part de 12, autre part encore celle de 9 h. du matin. Comment arriver à l'exactitude alors ?

2° Prendre la somme des températures diurnes pour la quantité de chaleur reçue par le végétal est faux. Selon nous, cette évaluation devrait se faire en calories par des calculs et des instruments spéciaux complètement en dehors du principe des moyennes.

3° Défalquer les températures inférieures à 6° pour le blé est aussi un système faux, car il peut arriver souvent que la plante ait énormément progressé malgré les indications de la moyenne. Il suffirait en effet qu'une journée très chaude soit précédée d'une journée très froide.

4° La variété est un argument aussi trop négligé. Il serait à souhaiter que les expériences fussent faites avec la même variété dans des climats différents : l'action de la chaleur ressortirait davantage. Il faut encore tenir compte de l'âge des variétés dans le transport au midi de celles du nord, ou au nord de celles du midi. Ce n'est qu'au bout de la cinquième génération que les céréales s'acclimatent et c'est donc passé ce temps que l'on peut faire des observations sur une même variété.

5° Tous les physiologistes trouvent complexe l'action de la chaleur sur l'évolution organique des végétaux. Ils désespèrent même de trouver des lois exactes. La question est peut-être plus facile qu'on se l'imagine. Et il est certain que les méthodes employées sont beaucoup trop défectueuses pour pouvoir en tirer parti. Pour nous, il y a quelque chose de tout nouveau à faire dans ce sens.

6. *Durée de la végétation.* — Tout ce que nous venons de dire sur l'action de la chaleur, sur les fonctions de l'évolution de la plante, montre que la thermalité est la cause efficiente de la vitesse évolutive et, par conséquent, de la durée de la végétation.

M. Georges Coutagne exprime la vitesse évolutive par l'exponentielle :

$$v = \frac{d\Delta}{dt} = a\,e^{-\frac{(x-c)^2}{n}}$$

dans laquelle la vitesse v est représentée par la dérivée $\frac{d\Delta}{dt}$ de la fonction algébrique Δ qui lie le développement de la plante au temps t que dure ce développement; x est la température variable de la plante ; c est l'indice de *tropicité ;* n l'indice de *rusticité ;* $\frac{1}{a}$ l'indice de *longévité.*

Si nous prenons deux axes rectangulaires ox, oy (fig. 1), que nous portions en ox des longueurs proportionnelles aux températures réelles de la plante et qu'aux points marqués nous élevions des perpendiculaires proportionnelles à la vitesse évolutive, l'on obtient la courbe ci-contre.

On voit par sa seule inspection qu'elle passe par un maximum M qui correspond à $x = c$ et que les physiologistes appellent *température optimum;* plus cette température est élevée, plus l'aire de dispersion du végétal est voisine de

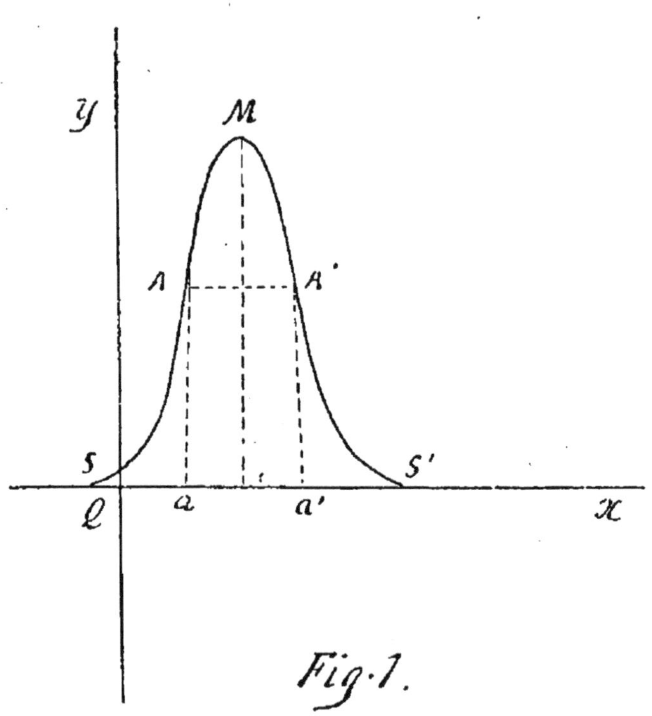

l'équateur. Le coefficient u règle l'évasement de la courbe; plus il sera grand, plus sera grand aussi l'intervalle D D' et par conséquent plus sera grande l'échelle des températures sous l'action desquelles l'évolution prend une valeur sensible; il en résulte donc que la plante est plus indifférente aux variations thermiques et qu'elle est plus répandue sur le globe. Enfin, plus le coefficient a est grand, plus grande est la vitesse évolutive et plus la plante parcourt rapidement le cycle de son développement.

Malheureusement cette formule si exacte en plusieurs points n'est point pratique actuellement. Les coefficients a, u, c sont inconnus pour tous les végétaux, et les procédés d'expérience qui pourraient les faire connaître ne sont pas même connus [1].

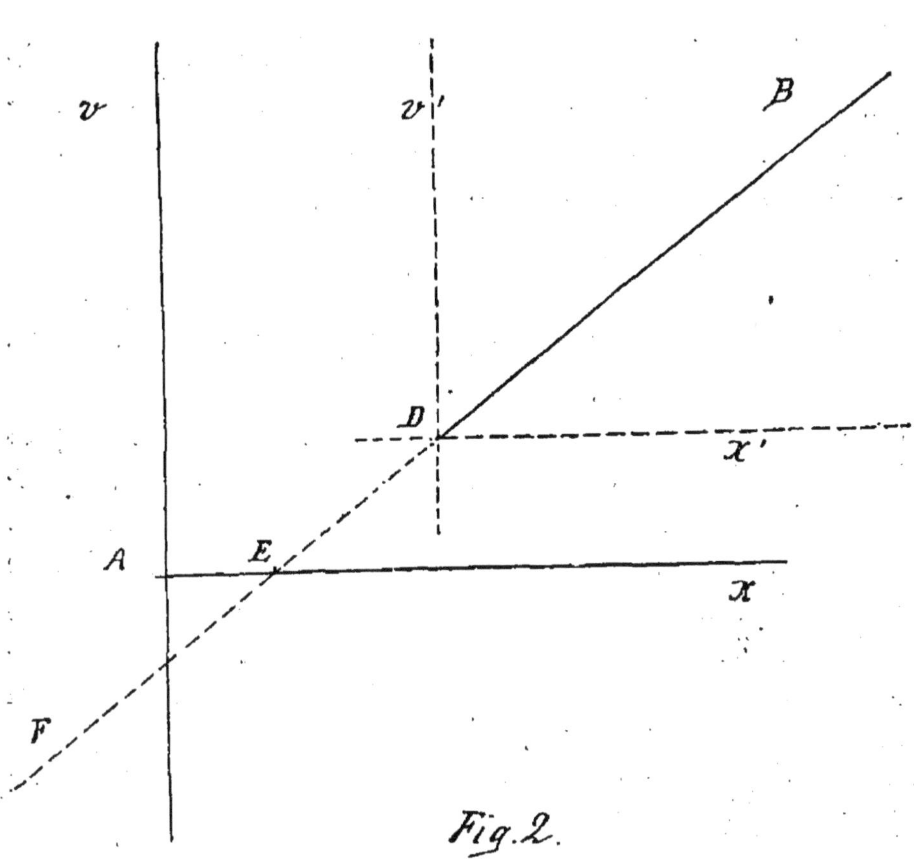

Depuis longtemps on emploie la formule de Boussingault pour exprimer la vitesse évolutive de la plante

$$(1) \qquad v = a\,(x + b),$$

1. Cependant, pour nous, là est véritablement la bonne voie. Mais on dédaigne la méthode expérimentale en Météorologie. Elle y donnerait certainement d'excellents résultats.

formule linéaire que l'habile chimiste a encore simplifiée. Il a en effet démontré *que la durée de la végétation est en raison inverse de la température moyenne sous laquelle s'effectue la végétation.*

$$\frac{x}{x'} = \frac{d'}{d}.$$

Il résulte de là que $dx = d'x' = d''x''$, = const., c'est-à-dire que le produit *de la température par la durée est constant.* De sorte que dans cet énoncé b devenant nul dans la form. (1), celle-ci se réduit à

(2) $$v = ax.$$

La form. (2) représente une droite au lieu d'une courbe comme celle de M. G. Coutagne. Elle a le grave inconvénient de ne pas accuser la température optimum (fig. 2). D'après la marche de cette droite, on voit qu'il existe une température portée en E F pour laquelle la vitesse évolutive devient nulle. Or cette température ne correspond pas au zéro de l'échelle thermométrique, puisque nous avons vu (page 13) qu'elle était variable avec chaque variété. Aussi reporte-t-on l'origine des coordonnées en o', point où la végétation commence à être sensible.

Si nous prenons, par exemple, le blé, nous voyons que la durée de la végétation à Paris, par exemple, est de 139 jours avec une somme de chaleur de 1112° et une température moyenne de 14°.

$$139 (14 - 6) = 1112.$$

Ce même blé, transporté dans une localité où la température serait pendant la durée de la végétation de 18°, donnerait

$$\frac{1112}{(18 - 6)} = 93 \text{ jours.}$$

Si au contraire on le transportait dans une localité plus froide dont la température serait de 12°, nous aurions

$$\frac{1112}{(12 - 6)} = 185 \text{ jours.}$$

Mais ces nombres de 93 et de 185 sont loin de représenter la réalité car les conditions d'humidité, d'éclairement viennent transformer singulièrement ces calculs numériques. Ainsi à Upsal, à Lynden, la végétation se fait dans un temps moins long (122 j. et 72 j.) qu'à Paris et avec moins de chaleur (1546° et 675"). De sorte que dans ces cas la vitesse évolutive cesse d'être proportionnelle à la température moyenne comme le voudrait la form. (2).

La loi de Boussingault n'est donc vraie que *pour une même variété et une même région*. Pour plus de simplicité mettons-la sous la forme

$$(3) \qquad S = j\,(t - i),$$

dans laquelle t est la température moyenne pendant la durée de la végétation, i la température de végétation, j la durée de la végétation et s la somme de chaleur.

II. Nous ne voudrions pas clore ce chapitre sans parler des efforts qu'ont fait quelques savants pour généraliser la loi de Boussingault.

A la forme (3) Quételet propose de substituer la suivante :

$$(4) \qquad S = j\,(t - i)^2,$$

formule qui ne mène guère à de meilleurs résultats.

Babinet, d'un autre côté, assimile le phénomène à un phénomène de pesanteur proportionnel au carré des temps :

$$(5) \qquad S = j^2\,(t - i).$$

Mais Quételet pense que le calcul de Babinet n'est pas possible. Quoi qu'il en soit, ce dernier propose un moyen de connaître la température i de végétation, par les formules. On observe pour une plante des développements successifs égaux d'abord pendant un temps j et une température t, ensuite pendant un temps j'', et une température i, et les valeurs de i sont, toutes les transformations faites :

$$i = \frac{jt - j''t'}{j - j''} \qquad \text{(Mét. Boussingault)},$$

$$i = \frac{t\sqrt{j} - t'\sqrt{j''}}{\sqrt{j} - \sqrt{j''}} \qquad \text{(Mét. Quételet)},$$

$$i = \frac{j''^2 t - j'^2 t'}{j''^2 - j'^2} \qquad \text{(Mét. Babinet)}.$$

Des essais vraiment sérieux n'ont jamais été faits ; nous ne saurions donc connaître le degré de véracité de ces formules. Mais *à priori* nous pouvons avouer qu'il doit être très difficile de les vérifier.

De Candolle, pour faciliter ses recherches, a calculé pour un certain nombre de lieux la somme des températures diurnes qui s'étendent de 1°, 2°, 3° de chaleur croissante à 1°, 2°, 3° de chaleur décroissante. D'après cela et connaissant la température de végétation il peut déterminer quels sont les végétaux qui peuvent vivre dans une localité donnée et la longueur de leur végétation. Dans le tableau XII nous donnons la longueur de végétation de quelques végétaux.

Ajoutons enfin que la durée de la végétation n'influe en rien sur la qualité et sur la quantité des récoltes : la première est sous l'action de la lumière, la seconde sous celle de tous les produits météoriques de l'année.

c. **Action physique.** — 1. *Conductibilité.* — D'après les expériences de De la Rive et De Candolle, c'est dans le sens des fibres que le bois conduit mieux la chaleur et dans le sens perpendiculaire aux fibres qu'il la conduit moins bien. Dans l'ordre de conductibilité décroissante, les bois peuvent être rangés de la manière suivante :

Alizier (*Cratægus*), noyer (*Juglans regia*), chêne (*quercus robur*), sapin (*Abies excelsa*), peuplier (*Populus alba*), liège (*Quercus suber*).

2. *Dilatation.* — Les coefficients de dilatation des bois secs ont été étudiés par Villari [1] qui a remarqué que la dilatation est plus faible dans le sens des fibres que dans la direction des rayons de la plante, comme l'indique d'ailleurs le tableau XIII :

TABLEAU XIII. — *Dilatation des bois.*

	Direction radiale.	Direction longitud.	Rapport.
Buis (*Buxus sempervirens*)..	0,0000614	0,00000257	25 : 1
Sapin (*Pinus*).............	0,0000584	0,00000371	16 : 1
Chêne (*Quercus robur*).....	0,0000544	0,00000492	12 : 1
Peuplier (*Populus alba*).....	0,0000365	0,00000385	9 : 1
Érable (*Acer campestris*)...	0,0000484	0,00000638	8 : 1
Epicea (*Pinus abies*).......	0,0000841	0,00000511	6 : 1

Ajoutons encore que les changements de dimensions provoqués par la chaleur sur le bois sec en directions longitudinale et radiale sont environ 1,000 fois plus petites que celles qui affectent le même bois lorsqu'il se gonfle sous l'influence de l'eau.

d. **Transitions thermiques.** — L'action des transitions thermiques est très utile à connaître. Beaucoup de végétaux y sont sensibles et s'en affectent plus ou moins. C'est ainsi qu'elles provoquent le chancre chez le pommier. La maladie de la *cloque* du pêcher (*Amygdalis persica*) est aussi amenée par les grandes transitions thermiques du printemps ; on la prévient par des abris ; mais, quand les moyens préventifs sont insuffisants, il suffit d'enlever les feuilles malades et de supprimer les rameaux attaqués. Le sarrazin (*Polygonum fagopyrum*) et les haricots (*Phaseo-*

1. Villari, *Poggendorf's Annalen*, Bd 133, p. 412.

lus) sont encore des plantes sensibles aux variations thermiques.

Quand ces variations se font au-dessous de 0° les phénomènes de l'action du froid se manifestent alors : nous en parlerons plus loin.

e. **Chaleur excessive.** — La chaleur forte et prolongée vaporise l'eau des engrais qui, à l'état sec, ne sauraient nourrir les végétaux (Joigneaux). De plus la sève s'épaissit et ne peut plus circuler dans les canaux. Les abricotiers (*Armeniaca vulgaris*) notamment souffrent d'une chaleur trop intense. Pour les en préserver on entoure les troncs et les principales branches avec des planches ou avec un mastic composé de terre et de bouse de vache.

Généralement, quand on veut préserver quelque arbre de la chaleur excessive on peut employer l'un des trois moyens suivants :

1° Badigeonner le tronc et les branches avec une bouillie formée de terre grasse et de chaux vive ;

2° Bassiner les branches à l'aide d'une pompe au coucher du soleil ;

3° Couvrir le sol environnant de cendres, de fumier, de paille, d'herbe et de mousse.

Quant aux plantes qui, comme l'avoine (*Avena sativa*), le sarrazin (*Polygonum fagopyrum*), les pois (*pisum*), craignent aussi les effets de la chaleur excessive, nous n'avons aucun moyen de les en préserver [1].

---

[1]. Nous ne traiterons pas de l'action de la chaleur sur les animaux domestiques. Nous renvoyons aux traités spéciaux sur l'art du vétérinaire.

CHAPITRE II.

LUMIÈRE.

Le rôle de la lumière est triple. Elle est nécessaire :

1° à la production de la chlorophylle ;

2° à l'assimilation du carbone ;

3° à la transpiration végétale.

Ce rôle a été trop souvent négligé ou confondu avec celui de la chaleur. Son action est pourtant capitale au même titre que celle de la chaleur ou de l'humidité.

a. Production de la chlorophylle. — Selon Marié-Davy et d'autres physiologistes la *lumière est nécessaire à la production de la chlorophylle* [1]. A chacune des températures comprises entre les extrêmes au-delà de laquelle la plante cesse de végéter, correspond un éclairement optimum, c'est-à-dire, le plus favorable au développement de la chlorophylle. Inversement pour un éclairement donné il existe aussi une température optimum favorable au développement de la chlorophylle.

D'ailleurs cette action très complexe de la lumière sur la production de la chlorophylle ne nous fournit aucune donnée pratique.

b. Assimilation. — Sous l'influence de la lumière la plante absorbe de l'acide carbonique et rejette de l'oxygène. Ce phénomène se fait par l'intermédiaire des feuilles et surtout du dessus des feuilles. Ces dernières absorbent l'acide carboni-

---

1. Marié-Davy, *Météorologie agricole.* (*Annuaire de l'observatoire de Montsouris* pour 1883, p. 240.)

que de l'atmosphère, fixent le *carbone* dans les tissus de la plante et rejettent l'oxygène.

Cette assimilation du carbone a été mise en évidence par les expériences de Boussingault sur le blé (*Triticum sativum*), de Macagno sur la vigne (*Vitis vinifera*) et de Pagnoul sur les betteraves (*Beta*). Les résultats ont été vérifiés à l'observatoire météorologique de Montsouris. Nous ne reviendrons donc pas sur ces expériences qu'on peut trouver dans les traités de physiologie végétale.

1. *Rendement.* — *Toutes choses égales d'ailleurs les années de lumière sont celles qui donnent les meilleures récoltes.* La plante a eu, en effet, le temps de s'assimiler les matériaux nécessaires à son complet développement, mais les autres produits météoriques doivent corroborer avec la lumière. En effet, beaucoup de lumière dans une période pluvieuse, par exemple, provoque une excessive transpiration, charge d'eau tous les tissus végétaux et empêche la fructification de se faire convenablement. Beaucoup de lumière avec de la grande sécheresse fait périr les végétaux. Enfin plus les arbres sont exposés à une lumière vive, plus leur bois est dur et compact.

2. *Précocité.* — I. Il arrive souvent que, par suite des phénomènes thermiques la végétation soit tardive. Dans nos contrées on n'en peut présager une mauvaise récolte, car, si les végétaux reçoivent une quantité de lumière suffisante, la récolte sera sauvée. Ainsi l'année 1876 a été tardive et cependant elle a donné relativement d'excellents produits. Mais les autres produits météoriques viennent souvent entraver l'action de la lumière. Ainsi l'année 1879 a été tardive et médiocre.

Dans nos campagnes on dit communément :

Année tardive
Ne fut jamais oisive,

ce qui n'est pas toujours vrai, comme nous venons de le
voir.

II. D'autres fois les années sont hâtives. Il ne faut pas
en présager une bonne récolte sous prétexte que la plante
recevra beaucoup de lumière. S'il est vrai que l'année 1875
a été précoce et bonne, l'année 1878 a été précoce et mauvaise.

3. *Étiolement.* — Dès que la lumière est supprimée les
plantes s'étiolent : elles meurent de faim. Les jardiniers
utilisent l'étiolement dans l'obscurité pour rendre plus comestibles certains produits, ils recouvrent de terre le céleri
(*Apium graveolens*), les cardons (*Cynara cardunculus*), etc.;
ils lient les feuilles de laitues (*Lactuca sativa*), de romaine
(*Lactuca romana*); ils font pousser la chicorée barbe-de-ca-
pucin (*Cichorium intybus*) en cave.

4. *Floraison.* — L'action de la lumière ne se fait sentir
que jusqu'à la floraison. A cette époque, en effet, la cloro-
phylle diminue et disparaît complètement à la maturité. La
lumière n'exerçant son action que par l'intermédiaire de la
chlorophylle, cette action ira en diminuant de la floraison à
la maturité.

Il résulte de là un moyen pratique de connaître l'état
général d'une récolte dès sa floraison. Il suffit de faire la
somme des degrés actinométriques du 1er février à la floraison. Plus cette somme est élevée, plus le rendement sera bon.
C'est encore ce qui ressort du tableau suivant :

Année 1875.... 4603°.... Bonne.
     1876.... 4588°.... Bonne.
     1877.... 4075°.... Assez bonne.
     1878.... 3606°.... Mauvaise.
     1879.... 4063°.... Assez bonne.

5. *Assimilation complète.* — Selon Marié-Davy [1] l'éclai-

<hr>

1. Marié-Davy, *Météorologie agricole.* (*Annuaire de l'observatoire météorologique de Montsouris* pour 1883, p. 240.)

rement est nécessaire à la décomposition de l'ammoniaque et de l'acide azotique en azote, et de l'eau en hydrogène. Nous ne connaissons pas les expériences sur lesquelles il s'est basé.

．　c. **Transpiration.** — La transpiration des végétaux se fait sous l'action de la lumière. C'est ce qui ressort d'expériences très exactes faites par Guettard (1748), Dehérain (1875) et à l'observatoire météorologique de Montsouris (1877). Il ne faut pas confondre la transpiration qui est un acte purement physiologique avec l'évaporation qui est un phénomène physique. Cependant, comme ces deux phénomènes se font dans le même sens nous les réunissons ensemble sous le nom d'*exhalaison aqueuse,* nous réservant au besoin de faire quelques rares restrictions.

I. *Chaque végétal exhale une certaine quantité d'eau qui lui est spécifique.* Ainsi, voici d'après Rissler la consommation moyenne quotidienne de différents végétaux.

T_{ABLEAU} XIV. — Exhalaison.

Luzerne (*Medicago sativa*)	3,4	à 7	Trèfle (*Trifolium*)...	2,86
Prairie	3,14	à 7,28	Seigle (*Secale cereale*).	2,28
Avoine (*Avena*)	2,9	à 4,9	Vigne (*Vitis vinifera*).	0,86 à 1,3
Fève (*Faba major*)...	plus de 3		Pomme de terre (*Solanum tuberosum*)....	0,74 à 1,4
Maïs (*Zea maïs*)	2,8	à 4	Sapin (*Abies*)........	0,5 à 1,1
Blé (*Triticum sativum*)	2,7	à 2,8	Chêne (*Quercus robur*)	0,45 à 0,8

Ce qui peut étonner dans ce tableau, c'est la faible exhalaison des grands végétaux. Mais une réflexion judicieuse montre bientôt la vérité. En effet, dans les grands arbres les feuilles portent ombre les unes sur les autres de sorte que déjà la transpiration devient plus faible. De plus, la température est plus faible à l'ombre qu'au soleil, de sorte que l'évaporation devient aussi plus faible. Donc transpiration et évaporation diminuant, l'exhalaison aqueuse, qui est leur somme, diminue aussi.

II. Un des effets immédiats de l'exhalaison aqueuse est d'*appauvrir le débit des eaux*. C'est là un point très important en géologie dans la question du déboisement des montagnes. Il est facile d'après cela de voir que la végétation arrête l'effet dévastateur des torrents et que les grands arbres sont précisément ceux qui conviennent le mieux.

III. *Toutes choses égales d'ailleurs, l'exhalaison augmente avec le développement de la plante.* Cependant, on remarque qu'un peu avant la maturité, les plantes annuelles cessent leur exhalaison aqueuse. Ce fait est probablement dû soit à la chute des feuilles chez les unes, soit à la décoloration qu'elles éprouvent chez les autres.

IV. Un autre principe très utile à connaître est celui-ci : *Les végétaux qui donnent les récoltes les plus abondantes et qui poussent dans les terrains les plus humides sont ceux qui exhalent le plus d'eau.* Ainsi, par exemple, les récoltes de luzerne (*Medicago sativa*) sont toujours bien plus abondantes que celles de blé (*Triticum sativum*) et, toutes choses égales d'ailleurs, que celles de pommes de terre (*Solanum tuberosum*). L'herbe des prairies est d'autant plus abondante que le sol est humide [1]. Dans nos contrées les années pluvieuses sont des années à foin et nos paysans disent alors :

> Année de foin,
> Année de rien.

Ou bien encore :

> Année en foin fertile
> Est souvent année stérile.

V. *La puissance d'exhalaison des végétaux augmente avec la quantité et avec la qualité de l'eau qui sert à leur arrosage.* En effet, plus l'eau est riche en engrais, plus les racines vé-

---

1. A la condition, bien entendu, que l'humidité ne soit pas stagnante.

gétales, cherchant le suc nourricier, en absorberont. Mais cette eau, en passant dans la plante, déposera ses principes dissous. Il en résultera donc un travail interne d'autant plus considérable que l'eau sera plus abondante et riche en engrais. De là par conséquent une plus grande exhalaison aqueuse.

Voici d'ailleurs une expérience faite à l'observatoire météorologique de Montsouris qui le prouve : 12 cases furent plantées d'artichauts (*Cynara scolymus*) : 6 furent régulièrement arrosées et les 6 autres ne le furent jamais. Les premières, sans compter les pluies, ont exigé 97^{mm} d'eau pour fournir 5^{mm},5 d'eau de drainage. Les secondes, arrosées seulement par les pluies, n'ont reçu que 67^{mm} d'eau pour fournir 4^{mm},5 d'eau de drainage. Les artichauts arrosés avaient donc acquis un pouvoir exhalant tel que leur terre, malgré l'arrosement, était plus sèche que celle des artichauts non arrosés.

VI. Enfin *l'abondance des récoltes des végétaux arrosés augmente avec leur puissance d'exhalaison.* Ainsi dans l'expérience précédente les artichauts arrosés ont donné un rendement plus considérable que les autres.

Poids des racines d'artichauts.

	Arrosés.	Non arrosés.
Terre de Montsouris......	1^k,900	1^k,500
Saint-Ouen...............	2^k,360	1^k,650
Gravelle	1^k,700	0^k,235
Vincennes...............	1^k,800	1^k,050
Jouy....................	1^k,650	1^k,400
Dornery (Nièvre).........	2^k,150	0^k,850

d. **Lumière et sol.** — La lumière, frappant le sol après avoir été tamisée par le feuillage, favorise la production de l'acide carbonique dans les décompositions qui engendrent l'humus. Ce dernier, d'après Gurnaud [1], perd son efficacité sous un couvert trop intense et il suffit d'un peu de lumière pour le lui rendre.

1. *Comptes rendus de l'Académie des sciences* pour 1881.

CHAPITRE III.

HUMIDITÉ DE L'AIR.

L'humidité atmosphérique s'observe au moyen de l'*hygro-mètre*. Son rôle en agriculture est très peu important encore, mais peu étudié. Nous nous contenterons donc de quelques généralités sur l'action qu'exerce l'humidité sur la terre arable, l'exhalaison aqueuse, l'élongation des tiges et les mouvements végétaux.

1. *Action sur le sol.* — La terre arable absorbe l'humidité atmosphérique et la condense en son sein. Cette absorption, selon Babo, serait même accompagnée d'une élévation de température. Schlüber fit des expériences à cet égard. Il prit 5 gr. de terre desséchée et observa son augmentation de poids au bout de 12 heures. D'après ses résultats il a calculé les coefficients suivants.

TABLEAU XV. — *Hygrométricité.*

Humus	48,5	Terre silico-argileuse	13
Carbonate de magnésie	38	Terre silico-argil. (Hoffwill)	11
Terre de jardin	22,3	Terre silico-argileuse-calcaire	
Argile pure	21	(Jura)	9,5
Terre argileuse	18	Sable calcaire	1,5
Carbonate de chaux	15,5	Plâtre	0,5
Terre argilo-siliceuse	15	Sable siliceux	0

Il est assez long de se servir de ces coefficients. En voici un exemple. Soit à trouver le poids d'eau absorbée par 5 gr.

d'argile pure répandue sur une surface de 36ᶜ pendant 12 heures. Si nous appelons q cette quantité, nous aurons

$$q = \frac{21 \times 36 \times 5}{2}\ cg = 18^{cg}, 0$$

qui est en effet le nombre trouvé par Schlüber dans son expérience.

2. *Action sur l'exhalaison aqueuse.* — I. Bien que l'humidité atmosphérique soit en rapport immédiat avec l'évaporation végétale, *elle ne modifie pas cependant, toutes choses égales d'ailleurs, l'exhalaison aqueuse.*

En effet, l'exhalaison est, par définition, le résultat de la transpiration et de l'évaporation. Si pendant le jour l'évaporation ne peut avoir lieu par suite de la saturation de l'air ambiant, la transpiration, fonction de la lumière, débarrasse le végétal de l'eau qu'il contient. De sorte que l'exhalaison s'est opérée tout de même et la même quantité d'eau a traversé le végétal.

Cependant, une propriété remarquable de quelques végétaux vient modifier cette action indirecte de l'humidité atmosphérique sur l'exhalaison aqueuse. Selon le Dʳ Detmer [1], certains organismes ont la faculté de condenser directement la vapeur d'eau. Telles sont les graines de potiron (*Cucurbita citrullus*), de pois (*Pisum sativum*), les aigrettes de chardon (*Cirsum arvense*), les thalles de *Ramalina pollinaria* (un lichen), les feuilles fanées de lys (*Lilium candidum*), de lilas (*Lilac*), de noyer (*Juglans regia*).

II. Un phénomène curieux, que nous notons en passant, s'explique par l'action de l'humidité sur l'exhalaison aqueuse. Dans les journées calmes et très chaudes, alors que les routes sont brûlées par le soleil et toutes poudreuses, l'évapo-

---

1. Dʳ Detmer, *Ann. agronomiques*, t. V, 1879, p. 160.

ration des végétaux devient excessive. L'air ambiant est bientôt saturé d'humidité. Alors l'évaporation ne pouvant plus se faire, la transpiration devient très forte sous l'influence d'une lumière intense. Et l'eau provenant de cette transpiration se condense sur le sol qui se trouve bientôt saturé d'humidité comme si une pluie copieuse était venue tomber près des végétaux. Selon John Murray [1], qui attribue à tort ce phénomène à l'électricité, il se produirait surtout au pied des haies, des ormes (*Ulmus campestris*), des peupliers d'Italie (*Populus fastigiata*).

3. *Action sur l'élongation.* — *L'humidité atmosphérique facilite l'élongation des tiges.* En effet, cette dernière est facilitée par une accumulation d'eau dans les tissus. Or ce fait ne peut avoir lieu que la nuit alors que la transpiration ne peut plus s'opérer. A ce moment, le végétal est sous l'action de l'humidité atmosphérique. Si celle-ci est forte, il rendra peu d'eau et les racines continuant leur travail endosmotique, les tiges s'allongeront. C'est ainsi que la vigne (*Vitis vinifera*), le fraisier (*Fragaria vesca*), la passerose (*Althœa rosea*), le houblon (*Humulus lupulus*), le glaïeul (*Gladiolus communis*), étudiés par M. Duchartre, ont montré que l'élongation de leurs tiges était bien plus considérable pendant la période nocturne que pendant la période diurne.

4. *Actions secondaires.* — Enfin, l'on a remarqué que, sous l'influence de l'humidité atmosphérique, certains végétaux accomplissent des mouvements.

1° Les tiges de pimprenelle (*Poterium sanguisorba*) et des légumineuses se redressent par un temps humide.

2° Le liseron des champs (*Convolvulus arvensis*), le mouron des champs (*Anagallis arvensis*) [2], le souci pluvial (*Calendula pluvialis*), l'ibiscus, le souci d'Afrique (*Calendula*

---

1. John Murray, *Électricité atmosphérique.* (Manuel Roret.)

2. C'est pour cette cause que le mouron des champs s'appelle dans nos campagnes le « baromètre du pauvre homme ».

humilis) ferment leurs fleurs par un temps humide. La pimprenelle (*Poterium sanguisorba*) et le laiteron de Sibérie (*Sonchus sibericus*) les ouvrent au contraire.

3° La fleur de la carline (*Carlina achantifolia*) s'ouvre par un temps humide.

CHAPITRE IV.

BROUILLARD ET ROSÉE.

Brouillard.

Beaucoup de végétaux et spécialement les arbres fruitiers craignent les brouillards. Il est probable que l'humidité excessive de l'atmosphère abîme les fleurs en gonflant les anthères ou en les modifiant d'une toute autre façon.

Les poiriers (*Pyrus*), les pruniers (*Prunus*), les cerisiers (*Cerasus avium*), les abricotiers (*Armeniaca vulgaris*), les oliviers (*Olea europæa*) sont précisément dans ce cas [1].

Au contraire les contrées brumeuses sont favorables aux pommiers à cidre (*Pyrus malus*).

Rosée.

La rosée est un petit météore qui résulte du rayonnement nocturne. Son rôle en agriculture est peu important. Nous nous bornerons donc à quelques remarques :

1. *Action sur les céréales.* — Vers la maturité, les rosées mouillent les épis ; si la journée suivante est très chaude les grains éprouvent un retrait fort nuisible, et la récolte devient chétive. Pour y remédier, Joigneaux propose de corder le froment (*Triticum sativum*) et le seigle (*Secale cereale*). A

---

1. Dans le Jura, on appelle *Magnin* un brouillard malfaisant qui brûle les feuilles et les fleurs.

cet effet des enfants s'en vont dans les champs avant le lever du soleil ; ils prennent un long cordeau par chacun des bouts et le promènent à la hauteur des épis. Ceux-ci se courbent au passage du cordeau et se redressent ensuite. Cette simple secousse suffit pour enlever la rosée et prévenir le retrait. On renouvelle cette opération tous les matins tant que le temps est calme et serein.

2. *Actions diverses.* — I. Les vaches charollaises lorsqu'on les amène aux champs dès le matin se mouillent la corne des pieds ; celle-ci s'amollit, s'allonge et fait boiter les animaux. Il faut dans ce cas leur rogner les ongles de manière à ramener les aplombs dans leur position naturelle [1].

II. Les brouillards et les fortes rosées du printemps occasionnent chez les orangers (*Citrus aurantium*) une maladie connue à Nice sous le nom de *peteia*. Elle consiste en une tache rouge brun qui se communique à la pulpe et la gâte tout à fait [2].

---

1. Gayot (Eug.), *Dictionnaire d'agriculture* de Moll et Gayot, art. *Bœuf*.

2. Joigneaux, *la Ferme*, t. II, p. 475.

CHAPITRE V.

PLUIE.

Le rôle de la pluie en agriculture est capital : elle imprime en effet un cachet tout particulier aux climats et aux productions de ces climats.

Nous diviserons cette étude en trois parties : 1° action de la pluie sur le sol; 2° action de la pluie sur le végétal; 3° action de la pluie sur les rendements.

A. — *Action de la pluie sur le sol.*

a. Action physique. — L'action de la pluie sur le sol est *physique* ou *chimique*.

Au point de vue physique la pluie mouille les sols, augmente leur volume, les désagrège et crée en leur sein un milieu électrique spécial.

1. *Hygroscopicité.* — La pluie imprègne les sols d'humidité. Selon son intensité, selon la composition géologique de la terre arable, cette humidité est plus ou moins forte. Comme elle joue le premier rôle dans la nutrition radiculaire des plantes, nous nous étendrons un peu sur ce sujet. Nous ne sortons nullement de notre cadre, car tout ce que nous allons dire nous sera utile plus tard pour étudier l'action des variations hygrométriques des sols sur les variations des produits atmosphériques.

Lorsqu'il tombe p^{mm} d'eau de pluie sur la surface d'un sol, voila ce qu'elle devient :

1° Une quantité $\alpha\, p$ est absorbée directement par le sol.

2° une quantité $(1 - \alpha)\,p$ s'écoule à la surface et glisse dans le sous-sol.

Le coefficient α mesure l'*hygroscopicité* du sol, c'est-à-dire la quantité d'eau nécessaire pour la saturer entièrement; ce coefficient varie d'une espèce de sol à l'autre. Ainsi Schlüber a obtenu les coefficients suivants dans ses expériences.

TABLEAU XVI. — Hygroscopicité.

Humus	1	Terre argilo-siliceuse	0,50
Terre de jardin	0,84	Terre silico-argileuse calcaire	
Carbonate de chaux	0,85	(Jura)	0,48
Argile pure	0,70	Terre silico-argileuse	0,40
Terre argileuse	0,60	Sable calcaire	0,29
Terre silico-argil. (Hoffwill)	0,52	Plâtre	0,27
Carbonate de magnésie	0,50	Sable siliceux	0,25

Ainsi 100 kilog. de terre argileuse parfaitement desséchée ont retenu 60 kilog. d'eau; 100 kilog. de sable siliceux en ont retenu 25, etc.

Turmann (cité par Scipion Grass)[1] a opéré un peu différemment et a obtenu des résultats quelque peu différents[2].

Ce coefficient d'absorption α varie encore suivant l'état mécanique du sol. Ainsi les terres pierreuses et graveleuses absorbent fort peu d'eau. Au contraire les sols profonds, meubles, à fines particules, riches en débris organiques en absorbent beaucoup.

L'absorption est aussi en rapport avec le degré d'imperméabilité. Plus une terre est imperméable, plus elle absorbera d'eau et réciproquement plus une terre est perméable, moins elle absorbera d'eau. Mais il convient d'excepter les terres « très perméables » et les roches « très imperméables ». Ainsi le calcaire compact chonchoïdal n'absorbe aucune quantité d'eau. Il faut donc encore tenir compte du « tassement » des terres.

1. Scipion Grass, *Géologie agricole*, Paris, 1881, in-8°.
2. Voir le tableau XVI *bis* à la fin du volume.

En résumé, b étant la nature de la terre, p sa profondeur e son état mécanique, l sa tenure en débris organiques, β un coefficient indiquant le degré de tassement, nous aurons

$$\alpha = \beta.\, \varphi\, (b, p, e, l)$$

fonction caractéristique. Quant à la quantité d'eau que mesure $(1 - \alpha)$ elle sert à alimenter les cours d'eau, et à imbiber le terrain supérieur à mesure qu'il se dessèche.

On compte qu'en moyenne, dans les terrains argilo-calcaires, l'eau de pluie pénètre dans la terre à une profondeur six fois plus grande que la hauteur d'eau tombée. S'il tombe 3^{mm} d'eau de pluie, par exemple, elle pénétrera à $6 \times 3 = 18^{mm}$ de profondeur. Mais ce n'est là qu'une simple approximation et il serait utile de faire des recherches sur chaque espèce de terre.

Enfin, d'après Lefour [1], une terre est suffisamment humide quand elle contient 15 à 20 0/0 de son poids d'humidité à $0^m,33$. Un sol sec est celui qui n'en retient que 10 0/0. D'après Gasparin un sol est humide quand il retient 10 0/0 de son poids d'eau à $0^m,30$ de profondeur en été et 23 0/0 dans la saison pluvieuse.

2. *Augmentation de volume.* — L'augmentation de volume sous l'action de la pluie est égal au retrait sous l'action de la chaleur [2].

Mais ce ne sont encore là que des nombres tout relatifs, car dans la pratique cette augmentation de volume ne doit guère se faire que verticalement. Il serait plus utile de mesurer la quantité dont s'élève la terre sous une quantité d'eau donnée.

3° *Désagrégation.* — La pluie désagrège les terrains. En effet, quand elle est en grande abondance, le phénomène de gonflement qu'elle provoque devient excessif; la force de

---

1. Lefour, *Sol et engrais*, Paris 1880, in-12, p. 9.
2. Voir les coefficients au ch. I, p. 6.

cohésion est rompue et il y a désagrégation des matières superficielles que le vent emporte loin de là.

4. *Électricité.* — *La pluie crée au sein de la terre un milieu électrique spécial.* Ce phénomène a lieu pour plusieurs causes. Au moment de la pluie, le sol est à plus haute tension de potentiel. Ce potentiel diminue à mesure que la pluie tombe. Enfin, l'eau de pluie s'infiltrant dans le sol, y produit des dissolutions. Ces dernières donnent lieu à des décompositions et recompositions successives de fluide neutre et à des courants telluriques. L'action de ces courants sur les plantes n'a pas été observée.

b. **Action chimique.** — La pluie modifie la composition chimique du sol de trois manières : 1° par les réactions qu'elle y détermine ; 2° par les matériaux qu'elle prend dans l'atmosphère et qu'elle fixe sur le sol 3° ; par son action sur les ferments.

1. *Réactions provoquées par la pluie.* — La majorité des substances qui se trouvent dans la terre sont solubles directement ou indirectement. Les sels d'ammoniaque, de soude, de potasse sont directement solubles. Il en est de même des superphosphates quand ils ne sont pas au contact de la chaux ou du fer. Au contraire, les phosphates, les carbonates et quelques silicates alcalins, ne deviennent solubles qu'à l'aide de l'acide carbonique.

Ces dissolutions tendent donc à changer la nature des terres. Elles deviennent même souvent nuisibles. Les pluies abondantes de l'hiver, par exemple, entraînent dans le sous-sol et aux cours d'eau les matières fertilisantes du sol qu'elles ont dissoutes. On peut y remédier en cultivant immédiatement après la moisson (dans le cas des céréales) certains végétaux qui retiennent à la surface du sol les substances que les eaux pourraient entraîner.

D'après M. Ladureau [1], dans les laines qui nous viennent

1. Ladureau, *Journal d'agriculture pratique* pour 1880.

d'Amérique se trouve une petite graine de luzerne sauvage qui remplit très bien ce but. On la sème après la moisson, elle devient assez haute et retient les substances assimilables du sol. A la belle saison, on la coupe et on la laisse sur le sol comme engrais vert. Non seulement la terre n'a rien perdu, mais encore elle s'est enrichie d'azote.

2. *Action des eaux sédimentaires.* — Nous appelons *eaux sédimentaires* les eaux pluviales qui sont chargées de débris atmosphériques faisant partie du sédiment. Nous y comprenons aussi celles qui sont chargées des gaz atmosphériques.

Les eaux de pluie en tombant sur le sol se chargent d'acide carbonique [1], d'ammoniaque et d'acide nitrique. Ces deux derniers gaz sont utiles en agriculture par l'azote qu'ils fournissent au sol. Aussi à l'observatoire météorologique de Montsouris, M. Albert Levy [2] dose-t-il directement l'azote ammoniacal d'une part et l'azote nitrique de l'autre.

I. Pour l'azote ammoniacal on a trouvé que dans les environs de Paris un hectare de terrain en reçoit annuellement 9 kil. 486 ce qui fait en moyenne 1 mill. 69 par litre d'eau versée. Ces résultats varient d'ailleurs d'un mois à l'autre comme on peut le voir par le tableau suivant.

Tableau XVII. — Azote ammoniacal.

	Par litre d'eau.	Par mètre cube.		Par litre d'eau.	Par mètre cube.
Janvier.........	$1^{mg}89$	$60^{mg}7$	Juillet.........	$1^{mg}73$	$79^{mg}5$
Février........	$1^{mg}66$	$46^{mg}3$	Août..........	$1^{mg}68$	$90^{mg}9$
Mars..........	$1^{mg}79$	$64^{mg}6$	Septembre	$1^{mg}57$	$98^{mg}3$
Avril..........	$1^{mg}74$	$106^{mg}7$	Octobre........	$1^{mg}61$	$87^{mg}7$
Mai...........	$1^{mg}63$	$71^{mg}2$	Novembre......	$1^{mg}56$	$86^{mg}1$
Juin..........	$1^{mg}71$	$80^{mg}6$	Décembre......	$1^{mg}74$	76

1. La pluie entraîne une certaine quantité d'acide carbonique, elle peut alors dissoudre les carbonates et quelques silicates qui seraient insolubles sans cela.

2. Albert Lévy, *Annuaire de l'observatoire météorologique de Montsouris,* pour 1883, p. 330 et suiv.

Les nombres donnés dans ce tableau sont à peu près les mêmes pour tous les environs de Paris.

II. D'après les mêmes recherches de l'observatoire météorologique de Montsouris on trouve que les pluies entraînent moins d'azote nitrique que d'azote ammoniacal. Ce n'est que 3 kil. 674 par hectare et par an et 0 mill. 75 par litre d'eau versée qui se répartissent de la manière suivante :

TABLEAU XVIII. — Azote nitrique.

	Par litre d'eau.	Par mètre cube.		Par litre d'eau.	Par mètre cube.
Janvier........	$0^{mg}6$	$21^{mg}5$	Juillet.........	$0^{mg}7$	$29^{mg}2$
Février........	$0^{mg}5$	$17^{mg}5$	Août..........	$0^{mg}9$	$44^{mg}4$
Mars..........	$0^{mg}5$	$18^{mg}6$	Septembre	$0^{mg}9$	$37^{mg}8$
Avril..........	$0^{mg}8$	$35^{mg}7$	Octobre........	$0^{mg}7$	$42^{mg}7$
Mai..........	$0^{mg}9$	$24^{mg}5$	Novembre......	$0^{mg}8$	$21^{mg}4$
Juin..........	$0^{mg}6$	$27^{mg}9$	Décembre......	$1^{mg}1$	$46^{mg}5$

III. Au point de vue agricole il importe donc de connaître la quantité totale d'azote que les pluies versent sur la terre. D'après MM. Lawes, Gilbert et Varington [1] cette quantité varie suivant les localités. Voici quelques nombres qu'ils fournissent.

TABLEAU XIX. — Azote total par hectare.

Kuschen..........	2 ans (1864-66).........	$2^{k},44$
Insterburg........	2 ans (1864-66).........	$6^{k},89$
Dahme..........	1 an (1865)...........	$7^{k},46$
Regenwalde.......	3 ans (1864-67).........	$15^{k},64$
Proskau..........	1 an (1864)...........	$23^{k},42$
Florence	3 ans (1870-72).........	$13^{k},85$
Montsouris.......	6 ans (1876-81).........	$12^{k},92$

Enfin en dernier lieu cette quantité d'azote est plus grande dans les villes que dans les campagnes.

1. Lawes, Gilbert et Varington, Annales agronomiques, pour 1882.

IV. Certes ces nombres de 10 à 20 kil. d'azote par hectare sont respectables, surtout si on les compare à la teneur en azote des principales récoltes. Ainsi dans les départements voisins de celui de la Seine il y a 54 kil. d'azote dans un hectare de froment; il y en a donc 13 de fournis gratuitement par les pluies, soit 1/4 environ. Cette proportion de 1/4 est à peu près la même pour tous les grains; mais elle diminue pour les fourrages. Il faut au trèfle rouge, par exemple, 177 kil. d'azote par hectare; les pluies ne lui en fournissent donc plus que 1/12.

V. Beaucoup d'auteurs ont encore analysé les eaux de pluie pour savoir si elles contenaient encore quelques autres substances utiles à l'agriculture. Les résultats ont été très variables, car nul expérimentateur n'a continué ses travaux pendant plusieurs années de suite. Les analyses les plus complètes ont été fournies par Isidore Pierre [1] qui a trouvé qu'un hectare de terre reçoit annuellement :

Chlorure de sodium.......	37^k,5	Sulfate de soude...........	8^k,4
Chlorure de potassium.....	8^k,2	Sulfate de potasse..........	8
Chlorure de magnésium....	2^k,5	Sulfate de chaux...........	6^k,2
Chlorure de calcium.......	1^k,8	Sulfate de magnésie........	5^k,9

VI. Nous n'avons aucune série météorologique qui puisse nous renseigner sur la quantité totale de poussières atmosphériques emportées par la pluie et fixées sur le sol. Nous ne possédons que les rares documents indiqués par M. Tissandier [2]. D'après cet auteur les poussières seraient plus abondantes après les périodes sèches et l'on en trouverait d'autant moins dans les eaux pluviales que celles-ci seraient plus fréquentes. Le rôle de ces poussières en agriculture est mal déterminé.

1. Isidore Pierre, *Chimie agricole*, Paris, in-8º, 1863, t. I, p. 40.
2. Gaston Tissandier, *les Poussières de l'air*, Paris, in-8º, 1877, p. 13 et suiv.

3. *Action des pluies sur les ferments.* — Au sein de la terre se trouvent, en nombre infini, des êtres microscopiques qui ont pour fonction d'oxyder les débris organiques. Or la pluie en mouillant le sol facilite leur développement (Marié-Davy) [1].

4. *Action sur le sulfure du carbone.* — Souvent on se sert du sulfure de carbone comme insecticide dans les sols. D'après M. Catta [2] :

1° Les épandages, faits après la pluie sont nuisibles aux vignobles traités.

2° Il ne faut donc pas que le sulfure de carbone se trouve à l'état liquide dans des sols détrempés d'eau.

5. *Action générale sur différents sols.* — D'après Lefour [3] sous l'influence des pluies :

1° les argiles siliceuses se délaient en une boue liquide facilement entraînée ;

2° les sols silico-argileux blanchissent ;

3° les terres argilo-calcaires tombent en poussière après la gelée ou la sécheresse.

B. — *Action de la pluie sur la plante.*

La pluie agit de deux manières sur les végétaux : par sa *qualité* et par sa *quantité*, soit directement, soit par l'intermédiaire des terrains.

a. **Action indirecte.** — 1. *Mutation.* — *La pluie est indispensable aux végétaux, car elle permet les mutations et les migrations des produits organiques sous l'influence de la lumière et de la chaleur.* En effet, l'eau de pluie, outre les composés qu'elle emprunte à l'atmosphère, dissout un grand

1. Marié-Davy, *Météorologie agricole, Annuaire de l'observatoire météorologique de Montsouris*, pour 1882, p. 237.

2. Catta, *Moniteur agricole du Sud-Ouest*, 1880, p. 277.

3. Lefour, *Sol et engrais*, Paris, in-12, 1881.

nombre des matériaux du sol, comme nous l'avons déjà expliqué. Pénétrant par endosmose dans la plante, elle les entraîne avec elle, les y dépose et ressort sous l'influence de la lumière. Comme tous les phénomènes d'osmose cette assimilation radiculaire est influencée : 1° par l'humidité, elle est arrêtée dans un sol sec ou dans un sol trop humide qui gorge les plantes sans leur rien fournir; 2° par la composition de la plante; 3° par la chaleur. Ce dernier facteur agit surtout selon l'intensité de la lumière : beaucoup de pluie sans lumière donne des plantes remplies d'eau, fort médiocres pour le rendement; beaucoup de lumière sans eau dessèche les végétaux. C'est ainsi, par exemple, que les pluies chaudes et continues développent les tiges de froment, les chargent de feuilles et empêchent leur fructification de s'opérer convenablement.

2. *Organisation.* — *La pluie facilite l'organisation des produits assimilés.* C'est en effet par son passage dans la plante que l'eau pluviale permet et facilite l'élongation des tiges, la pousse des feuilles, des fleurs et des fruits.

Cependant les pluies copieuses noient les sols : les racines, qui ont besoin de respirer, comme les feuilles, sont asphyxiées, la germination ne peut s'opérer, et enfin l'oxydation des engrais est complètement entravée.

Pour que la vigne arrive à la feuillaison, il lui faut 27 mill. d'eau de pluie en moyenne; il lui en faut 40 pour arriver à sa floraison et 80 pour arriver à la maturité. Quand ces quantités sont dépassées par suite de pluies continues pendant l'été et l'automne, la végétation des ceps est retardée et quelquefois compromise. Il faut alors pratiquer l'effeuillement ou employer les abris.

Quand une plante reçoit plus d'eau de pluie qu'elle n'en nécessite il lui en faut retirer par le drainage.

b. **Action directe.** — La pluie agit directement sur les végétaux : 1° par sa *température.* Celle-ci étant toujours voisine de 0°, elle peut souvent endommager les végétaux de faible constitution surtout vers l'époque des gelées nocturnes.

2° Par *elle-même*. Elle lave les feuilles, enlève les poussières qui les recouvrent et facilite ainsi l'assimilation atmosphérique.

3° La pluie favorise le développement des *péronospora*, champignons qui s'attaquent à la vigne (*Vitis vinifera*), à la tomate (*Solanum lycopersicon*), à la pomme de terre (*Solanum tuberosum*), à l'aubergine (*Solanum melongena*), aux artichauts (*Cynara scolymus*). L'*oïdium* est dans le même cas et il est bien plus difficile de traiter les vignes atteintes de cette maladie dans les années pluvieuses que dans les années sèches [1].

C. — *Action de la pluie sur les rendements.*

De même que les variations thermiques, les variations pluviométriques ont une grande valeur agricole que nous avons recherchée.

La pluie, quelle que soit d'ailleurs sa quantité, agit sur le rendement des récoltes de deux manières :

1° par sa répartition :

2° par son arrivée subite au moment des récoltes.

a. **Répartition.** — La quantité totale ou moyenne de pluie tombée dans un mois ou dans une année ne saurait avoir aucune influence agricole, à moins de faits tout exceptionnels. Ce qui agit surtout c'est l'époque de l'*arrivée des pluies*. Il y a certaine de ces époques, comme le mois d'avril par exemple [2], où l'eau peut tomber tous les jours à torrent

---

1. D'après les recherches de M. Prillieux, le développement du *peronospora viticola* qui donne lieu à la nouvelle maladie de la vigne appelée *mildew* se trouve très favorisée par les pluies abondantes.

2. Tout ce que nous allons dire se rapporte spécialement à la France septentrionale.

sans que la récolte s'en ressente nullement ou l'état des productions du sol à ce moment de l'année. A d'autres époques au contraire, comme mars, mai, etc., les pluies, sitôt qu'elles se renouvellent, font de graves désordres dans les cultures.

La pluie agit donc par périodes parfaitement déterminées. Nous avons recherché ces périodes, leur disposition dans les mois, les saisons et les années, et leur influence agricole. Entreprendre pour chaque culture un tel travail est long. Aussi avons-nous commencé par tirer ce que nous avons pu de l'expérience de nos cultivateurs.

— Voici ce que l'on tire de leurs dictons :

TABLEAU XX. — *Périodes pluviométriques.*

Janvier	doit être sec et poussiéreux.		Juillet	doit être sec.	
Février	—	pluv. et humide.	Août	—	pluvieux.
Mars	—	sec et poussiéreux.	Septembre	—	(?)
Avril	—	pluv. et humide.	Octobre	—	(?)
Mai	—	sec.	Novembre	—	sec (jusqu'au 25).
Juin	—	pl. (jusqu'au 24); sec (après le 24).	Décembre	—	pl. et neigeux.

Ces périodes s'appliquent au blé (*Triticum sativum*), à la vigne (*Vitis vinifera*), aux graines oléagineuses, aux noisettes et aux glands. Pour les foins, c'est une autre affaire : une année pluvieuse mais sèche au moment de la fenaison assure une bonne récolte. Mais toutes les autres cultures sont en souffrance.

Ce tableau XX nous donne *l'année type*. Toute infraction de temps retire de la récolte.

b. **Pluies dans les récoltes.** — La pluie est toujours fatale quand elle arrive au moment des récoltes parce que : 1° elle entrave la moisson ; 2° elle empêche les semis de l'année suivante.

La pluie cause un grand préjudice aux agriculteurs lorsqu'elle arrive au moment de la moisson. Les années de 1879 et de 1882 en ont été des exemples frappants. La difficulté de faire sécher les bottes retarde leur battage, ce qui les expose encore aux déprédations de leurs ennemis.

On lutte assez bien contre cet effet funeste par des moyettes judicieusement tressées. M. Lecouteux [1] recommande des moyettes composées de gerbes de 12 à 14 kil. pour le blé et le seigle et de 10 à 11 kil. pour l'avoine; il faut réunir ces gerbes en faisceaux de huit et surmonter chaque faisceau d'une gerbe couchée obliquement les épis en bas. Au bout de quelques heures cette gerbe se creuse sa place à la pointe du faisceau, recouvre et protège les épis. Ces moyettes ainsi disposées sont à peu près à l'abri des épreuves du mauvais temps et il suffit de quelques heures de soleil ou de vent desséchant pour qu'on puisse les enlever et les livrer au battage [2].

Quand, par suite des pluies ou des inondations, les terres destinées aux cultures de blé d'automne n'ont pu être emblavées à l'époque habituelle, on peut remédier tant bien que mal à ces dispositions fâcheuses en faisant des semis avant même le printemps. Il faut alors employer des variétés spéciales de blé, celles recommandées par M. Vilmorin par exemple [3].

c. **Quantité de pluie.** — Nous avons dit qu'il n'était guère nécessaire de connaître la quantité moyenne d'eau de pluie mensuelle. Il n'en est pas de même de la quantité moyenne annuelle ainsi que des quantités extrêmes qui pourraient se présenter. Cette connaissance est nécessaire d'après Pouriau [4].

---

1. Lecouteux, *Journal d'agriculture pratique pour* 1879.

2. Voir à la fin du volume les indications de l'administration relatives aux récoltes dans les années pluvieuses.

3. Vilmorin, *Journal d'agriculture pratique pour* 1882, t. II, p. 911 et 912. Voir ses instructions à la fin du volume.

4. Pouriau, *Dictionnaire d'agriculture* de Moll et Gayot, art. *Pluie.*

1° Pour déterminer la capacité des citernes ;

2° Pour le calcul d'ouverture d'un pont ;

3° Pour le calcul de la capacité des fosses à purin ;

4° Pour le calcul de la grandeur des réservoirs d'irrigation.

CHAPITRE VI.

FROID.

Il ne faut pas confondre « froid » et « gel ».

Pour nous le *froid* est une sensation toute subjective qui résulte d'un trop grand rayonnement de la chaleur de notre corps dans un milieu qui en contient moins.

La *gelée* est un météore spécial qui consiste en des dépôts d'eau glacée dans les végétaux et dans le sol. La gelée est le résultat de l'action du froid combinée avec celle de l'eau.

Un exemple fera comprendre la différence. On dit, dans les années froides, que la « gelée a fait périr un grand nombre de graines ». Cela ne veut pas dire qu'à la profondeur où se trouvaient ces dernières le froid a été assez intense pour les faire périr. Non, car le thermomètre tomberait de 10° à 15° qu'elles résisteraient encore. Mais on entend qu'autour des graines s'est produite une couche d'eau gelée qui les a fait périr.

L'étude du « froid » est donc complètement distincte de celle du « gel ».

a. **Action sur les plantes.** — Les végétaux sont comme les animaux hybernants : ils s'engourdissent mais ne meurent pas. Cependant, de même que le froid excessif amène chez nous de graves désordres pathologiques, il peut aussi désorganiser les végétaux et provoquer leur mort.

1. *Résistance des végétaux.* — Quand le froid se manifeste avec une violence bénigne, la végétation est arrêtée; ce n'est qu'étant excessif qu'il peut occasionner la mort. Mais entre la cessation de la végétation et la mort se trouve un grand intervalle thermique fort variable pour diverses espèces.

Chaque végétal possède donc une résistance au froid qui lui est spécifique. C'est ce que nous voulons faire ressortir dans le tableau suivant que nous avons construit d'après les indications de divers auteurs :

TABLEAU XXI. — *Résistance au froid* [1].

	Au dessous. —	
Algues (*Protococcus nivalis*)...............	— 36°	Goppert [2].
Diatomées.............................	— 20°	Schumann [3].
Ail commun (*Allium sativum*).............	— 16°	Goppert [2].
Chêne-liège (*Quercus suber*) [8].............	— 11°	De Valcourt [4].
Dattier (*Phœnix dactilifera*) [8].............	— 11°	De Valcourt [4].
Ellébore noir (*Helleborus niger*)...........	— 10°	De Valcourt [4].
Branches d'olivier (*Olea europœa*).........	— 9°	Destrem [5].
Myrthe commun (*Myrthus communis* [9].......	— 5°	De Valcourt [4].
Oranger (*Citrus aurantium*)...............	— 5°	De Valcourt [4].
Feuilles de belladone (*Attropa-Belladona*)...	— 4°	Goppert [2].
Oranger (*Citrus aurantium*)...............	— 3°	Boitel [6].
Chara.................................	— 3°	Cohn [7].
Haricot des Indes (*Phaseolus caracola*).....	— 2°,5	De Valcourt [4].
Sorgho (*Holcus sorghum*)..................	— 2°	Goppert [2].
Caoutchouc (*Ficus elastica*)...............	— 2°	De Valcourt [4].
Bananier du paradis (*Musa paradisiaca*)....	— 1°	De Valcourt [4].
Pin maritime (*Pinus maritima*)............	0	De Valcourt [4].
Citronnier (*Citrus medica*)...............	0	Boitel [6].
Conferves.............................	0	Goppert [2].
Cédratier (*Citrus medica*)................	+ 3°	Boitel [6].

1. Pour plus de détails, voir le tableau XXI *bis* à la fin du volume.

2. Goppert, *Annales agronomiques*, t. VI, 1880, p. 319 et 320.

3. Schumann, cité par Goppert.

4. De Valcourt, *Climatologie des stations hivernales du midi de la France*, Paris, in-12, 1865.

5. Destrem de Saint-Christol, *Dictionnaire d'agriculture* de Moll et Gayot, art. *Olivier*.

6. Boitel, *Culture des cédratiers en Corse*. (*Ann. agr.*, t. I, 1875, p. 122.)

7. Cohn, cité par Goppert.

8. De Valcourt cite encore le chêne-liège comme mourant aussi vers 0°.

9. De Valcourt cite encore un autre myrthe mourant vers 0°.

2. *Mécanisme de l'action du froid*. — Depuis longtemps on connaît le mécanisme de l'action du froid sur les végétaux. Les sucs, contenant beaucoup d'eau, se congèlent par le froid. Ils occupent alors un plus grand volume, déchirent les cellules, rompent les vaisseaux dans lesquels la sève ne peut plus circuler. Le végétal dès lors est gravement atteint.

3. *La gelivure*. — Dans les arbres l'action du froid est plus manifeste, car elle se fait en grand. Durant les nuits des hivers excessifs, les paysans entendent des craquements sinistres : ce sont les arbres qui éclatent avec fracas. Si l'on s'en approche, on reconnaît qu'il existe à leur pied une fissure verticale de deux à trois mètres de haut, allant du centre à la circonférence sur un écartement de quelques millimètres. Quelquefois la fissure traverse le végétal de part en part sur une largeur de 10 centimètres.

C'est ce qu'on appelle la *gelivure*.

Cette blessure ne cause pas sur le moment de grands dommages; quand la glace qui est à l'intérieur de l'arbre est fondue, les parties se rapprochent et l'arbre continue de vivre. Quand on abat ce dernier et qu'on le scie horizontalement, on voit nettement la fissure se dessiner sur les couches continues des dernières années. On peut même, en comptant ces couches, déterminer l'âge de la gelivure. Ajoutons qu'une pièce ainsi gelivée est toujours mauvaise.

Quand l'arbre est plus gravement atteint, il reprend, suivant Gasparin, avec vigueur, au printemps ; mais il se dessèche vite et meurt au mois de mai. La sève qui stagnait dans les vaisseaux a suffi pour alimenter cette première végétation qui ne se renouvelle pas.

Outre la gelivure, les arbres fruitiers sont encore exposés à d'autres atteintes du froid sec. Pour les garantir il est d'usage d'entourer leurs tiges de paille et de les arroser avec de l'eau chaude.

4. *La coulure*. — Lorsqu'en été la température s'abaisse

au moment du premier développement des grappes, celles-ci se transforment en vrilles. Les vignerons disent alors qu'elles ont « filé » et cet accident prend généralement le nom de *coulure*. Une autre *coulure* résulte de l'action du froid sur les grappes en fleur par suite du retard dans la fécondation : c'est un avortement des grains de raisin.

Pour éviter les effets de ces phénomènes, nous ne connaissons que deux moyens, malheureusement souvent impuissants.

1° Le pincement des bourgeons.

2° Un soufrage pratiqué au moment de la formation des grappes et de leur épanouissement.

5° *Action du froid sur les oliviers.* — Les oliviers (*Olea europæa*) craignent beaucoup les froids rigoureux de l'hiver. Quand ils sont atteints, il convient de les traiter spécialement. M. Dubreuil [1] donne les instructions suivantes :

« Lorsque les arbres ont seulement perdu leurs feuilles, il convient d'éclaircir beaucoup les jeunes rameaux. Cette année-là la fructification est presque nulle ; mais de nombreux bourgeons se développent pendant l'été et la récolte est très abondante l'année suivante.

« Si les rameaux d'un an ont été atteints, on les enlève ; puis on supprime un tiers de la longueur des branches principales, afin de les faire se regarnir de nouveaux bourgeons sur toute leur étendue.

« Les branches principales ont-elles été attaquées sur une partie de leur longueur, on les coupe à quelques centimètres au-dessous du point où le mal s'est arrêté. Si elles sont gelées jusqu'auprès du tronc, on les supprime entièrement. On reforme la tête de l'arbre au moyen des bourgeons les plus vigoureux, choisis parmi ceux qui se développent en grand nombre au sommet de la tige, et l'on supprime tous les autres à mesure qu'ils paraissent.

---

1. Dubreuil, *les Vignobles*, Paris, in-8°, 1875, p. 453 et suivantes.

« Lorsqu'une partie du tronc a été attaquée, on fait l'amputation au-dessous du point malade. On l'allonge de nouveau au moyen d'un bourgeon latéral, ou bien on établit la tête immédiatement au-dessus de cette section, si elle ne se trouve pas ainsi trop près de terre ;

« Il arrive quelquefois aussi que le tronc est gelé jusqu'au collet de la racine. Si l'arbre n'est âgé que de trente ans au plus, il n'y a d'autre remède que de le couper rez de terre et de former une nouvelle tige au moyen d'un des bourgeons qui naissent de la souche.

« Lorsque la souche aura plus de trente ans et qu'elle présentera un grand développement, il sera préférable de faire naître une nouvelle tige directement sur l'une des racines ; car cette souche venant à pourrir en partie pourrait communiquer la carie au nouvel arbre. On arrachera alors cette souche comme nous l'indiquons ci-après pour celles qui ont été gelées.

« Enfin, la souche elle-même peut être frappée par la gelée et ne plus développer de rejetons. Dans ce cas, on l'arrachera et on laisse en terre les principales racines en ayant soin de les couper bien net. La fosse reste ouverte et comme les racines n'ont pas été atteintes par le froid, elles développent pendant l'été même un certain nombre de bourgeons. Lorsque ceux-ci sont âgés de deux ans, on ne laisse que le plus beau sur chaque racine, on n'en conserve en tout que six ou huit. On comble progressivement la fosse avec de la terre bien amendée ; et vers la cinquième année on enlève les rejetons pour les mettre en pépinière, à l'exception des plus vigoureux qu'on laisse en place. »

b. Lois de Decandolle. — Les lois de Decandolle sont au nombre de deux.

I. *La faculté des végétaux de résister aux extrêmes de température est en raison directe de la viscosité de leurs sucs.* Il suit de là que les arbres résineux tels que les sapins (*Abies*), les pins (*Pinus*), les mélèzes (*Laryx*) doivent la faculté qu'ils possèdent de pouvoir végéter dans les glaces et les neiges à ce qu'ils renferment des sucs visqueux, résineux, qui empêchent le froid et la gelée d'exercer une action défavorable sur leurs tissus.

II. *La faculté des végétaux de résister aux extrêmes de température est en raison directe de la quantité d'air captif que la structure de leurs organes leur permet de renfermer dans les parties délicates.* Les arbres ont, en effet, une écorce poreuse renfermant de l'air. Cette écorce est par cela même peu conductrice. Cependant les essences ne résistent pas également aux extrêmes de température. Il faut attribuer ce fait précisément à la quantité d'air que renferment leurs parties délicates.

CHAPITRE VII.

GELÉE.

Nous avons vu précédemment quel est le sens véritable du mot « gelée ». Nous ajouterons que ce n'est pas tant par son action immédiate que par ses alternatives qu'il nous importe de connaître ce météore. La rapidité du « dégel » est souvent aussi funeste que la gelée elle-même. Nous étudierons donc successivement l'action de la gelée sur le sol, sur les plantes et les moyens pratiques de l'éviter.

a. **Action sur le sol.** — Dès que le sol est recouvert de neige la gelée reste à peu près sans action sur lui. Sa température tend à se mettre en équilibre avec celle de la neige fondante, à 0° environ.

Mais tant que la neige n'a pas fait son apparition, la gelée manifeste sa présence par un ensemble d'actions généralement nuisibles, rarement utiles. Non seulement elle tend à diminuer l'état thermique de la terre, mais encore elle provoque un travail mécanique qui amène le déchaussement des végétaux.

1. *Action physique : refroidissement.* — La gelée peut descendre jusqu'à 45 centimètres dans le sol ; mais ordinairement elle s'arrête au plus à 25 centimètres. D'ailleurs la profondeur de la gelée dépend : 1° de l'état de la surface du sol au moment des grands froids ; 2° de la durée et de l'intensité de la période de refroidissement ; 3° de l'humidité du sol.

I. Les terres qui perdent le plus facilement la chaleur

soit par leur agrégation moléculaire, soit par leurs qualités physiques sont celles où la gelée pénètre le plus loin.

II. Si la gelée arrive alors que la terre a peu rayonné, elle ne descendra qu'à quelques centimètres surtout si la période de refroidissement n'est pas de longue durée. Mais au contraire, lorsqu'elle arrive alors que la terre a beaucoup rayonné, elle descend très avant, surtout si la période de refroidissement est de deux à trois semaines.

III. L'humidité est la cause première de la gelée. Donc toute cause capable de l'augmenter augmentera de même les effets de cette dernière. C'est ainsi que plus un sol est humide, plus les radicelles et le chevelu sont aqueux, et plus la gelée risque de désorganiser ces tissus.

2. *Action mécanique : désagrégation.* — I. Les pierres poreuses que l'eau pénètre facilement sont exposées aux effets de la gelée. L'eau qu'elles contiennent dans leurs tissus, en se congelant, augmente de volume et détermine leur rupture. Ces pierres sont dites « gelives ». Dans les hivers rigoureux des pierres éclatent entièrement et se brisent en menus morceaux. Mais dans les hivers ordinaires, leur surface seule est attaquée. Il se détache de petites lamelles qui se pulvérisent et que le vent emporte. C'est là une des principales causes de la formation de la terre arable.

II. La gelée a une action spécifique pour chaque espèce de terre.

Selon Lefour [1], elle gonfle et soulève les sols silico-argileux imprégnés d'eau, sans cependant les ameublir, et y déchausse les plantes. Les sables non calcaires se gonflent aussi sous l'action de la gelée et tombent en bouillie au dégel; les plantes y sont aussi déchaussées. Les mêmes faits se reproduisent à peu près semblables dans les terrains calcaires du crétacé. Les terrains calcaires siliceux et les terres mar-

1. Lefour, *Sol et engrais,* Paris, 1880, in-12.

neuses sont réduits en poussière par la gelée ; les plantes y sont encore déchaussées. Enfin les terrains argilo-calcaires se soulèvent plus que les terrains purement argileux.

III. Cependant la gelée peut avoir une influence heureuse. Ainsi, pour les semailles de printemps, on donne des labours en automne avant l'apparition des gelées. Après les labours, quand celles-ci arrivent, il se fait une séparation, une division par suite de la congélation de l'eau contenue entre les molécules. A l'arrivée du dégel la terre est ameublie et les semailles s'en trouvent bien.

b. **Action sur la plante.** — Nous allons étudier successivement l'action de la gelée sur les graines, sur les jeunes pousses de céréales et sur les bourgeons des arbres. Le reste n'ayant pas de côté pratique immédiat, nous le laissons de côté.

1. *Action de la gelée sur les graines.* — En temps ordinaire la gelée ne fait pas mourir les graines. Mais cependant il faut qu'alors, suivant Dmitri de Rodionoff [1] :

1° le sol soit suffisamment sec,

2° le sol soit gelé avant l'arrivée de la neige,

3° la neige soit suffisamment abondante.

Si la terre n'était pas gelée avant la chute de la neige, les semailles périraient par humidité. Si la neige n'arrive pas, ou arrive en retard, les semailles périssent par le froid.

D'ailleurs en prévision de toute éventualité on a coutume de semer un peu serré.

2. *Action de la gelée sur les céréales.* — Les céréales d'hiver comme la majorité des fourrages artificiels ne meurent pas par suite des dégels subits [2], mais perdent seulement leurs feuilles. Dans un terrain sec et siliceux, tel est du moins ce

---

1. Dmitri de Rodionoff, *Journal d'agriculture pratique*, pour 1880, t. I, p. 247.

2. Gasparin a en effet démontré depuis longtemps déjà que la rapidité du dégel nuit beaucoup plus aux parties aériennes des végétaux que la gelée elle-même.

qui arrive; et même la gelée peut débarrasser les végétaux d'une foule d'insectes nuisibles qui pullulent dans les hivers doux.

Suivant Gasparin, dans un terrain argileux humide la moindre gelée superficielle détermine un accroissement de volume qui coupe les radicules de la plante ; au dégel la terre se pulvérise et le végétal qui en est séparé ne tarde pas à mourir.

3. *Action de la gelée sur les arbres.* — I. Ce qu'il faut surtout redouter c'est l'action de la gelée sur les bourgeons des arbres. Que de fois n'a-t-on pas vu des récoltes de fruits singulièrement endommagées par les gelées tardives ?

Les arbres résistent plus ou moins bien à la gelée. Ainsi le palmier (*Chamærops humilis*) redoute la plus faible gelée. Nous donnons ci-dessous d'après Émile Bouant [1] la liste des principaux arbres par ordre de sensibilité décroissante.

TABLEAU XXII. — *Résistance à la gelée.*

Plantes les plus sensibles.	Plantes les moins sensibles.
Palmier (*Chamærops humilis*)......	Pin d'Alep (*Pinus alep*).
Dattier (*Phœnix dactylifera*)......	Chêne vert (*Quercus ilex*).
Myrte (*Myrtus communis*)........	Platane (*Platanus occidentalis*).
Grenadier (*Punica granatum*).....	Hêtre (*Fagus sylvatica*).
Oranger (*Citrus aurantium*).......	Chêne (*Quercus robur*).
Mûrier (*Morus alba*).............	Sapin (*Abies excelsa*).
Olivier (*Olea europæa*)...........	Pin (*Pinus sylvestris*).
Figuier (*Ficus carica*)...........	Bouleau (*Betula alba*).
Vigne (*Vitis vinifera*)...........	

Pour les pins maritimes (*Pinus maritima*) le bois gelé vaut, suivant M. Bréal [2], autant que le bois non gelé comme combustible tant qu'il n'est pas mouillé. Mais dès qu'il est humide, on remarque :

1. Émile Bouant, *les Grands Hivers*, Paris, in-8°, 1882, p. 27.
2. Bréal, *Annales agronomiques*, t. VI, 1880, p. 265, 266.

1° le bois gelé imbibe plus d'eau que le bois non gelé ;

2° le bois gelé fournit moins de charbon que le bois non gelé ;

3° le bois gelé fournit moins de chaleur que le bois non gelé.

II. Les *gelées printanières* peuvent détruire les bourgeons du chêne (*Quercus robur*), du bouleau (*Betula alba*), du charme (*Carpinus betulus*), du mûrier (*Morus alba*), de la vigne (*Vitis vinifera*), des arbres fruitiers, arrêter le tallement du blé (*Triticum sativum*) et la pousse de l'herbe.

Enfin, ajoutons, d'après Gasparin, que le chanvre (*Cannabis sativa*), le sarrazin (*Polygonum fagopyrum*), le maïs (*Zea maïs*), la betterave (*Beta*) ne peuvent supporter la plus faible gelée. Il en est de même du millet (Joigneaux).

III. Les *gelées automnales* font tomber les feuilles et empêchent les progrès du raisin. Si ce dernier, ajoute M. Dubreuil [1], est parfaitement mur, la qualité du vin est augmentée par ces gelées automnales. Mais si la maturité est encore imparfaite, le raisin se flétrit et sa maturation s'arrête. L'action de ces premiers froids peut aussi devenir désastreuse pour les jeunes plantations de l'année dont la végétation a commencé tard.

IV. Plus les plantes sont gorgées de fluides, plus la gelée est à craindre. Le froment est peu sensible. Cependant, dans les terres argileuses, il faut exécuter un roulage après la gelée pour garantir les racines.

c. **Préservation.** — La gelée fait chaque année des millions de dégât. Il est donc tout naturel que nous recherchions les différents moyens pratiques que nous avons à notre disposition pour lutter contre le terrible fléau.

Pour se préserver des gelées on emploie les châssis, les abris et la fumée, c'est-à-dire tout moyen capable d'empê-

1. Dubreuil, *les Vignobles,* Paris, in-8°, 1875, p. 226.

cher le rayonnement de la chaleur terrestre vers les espaces infinis.

1. *Châssis*. — Dans la culture maraîchère, les châssis sont fort employés contre le froid et la gelée.

2. *Abris*. — Dans la petite culture les abris sont employés contre la gelée. Rien n'est plus variable que la nature, la forme et les dimensions de ces abris. On les distingue cependant en *horizontaux* et en *verticaux*.

Les abris verticaux sont formés de palissades en planches, de murs en maçonnerie, de grands paillassons formés de maquis, de roseaux ou de paille (Boitel), de grands rideaux de toile goudronnée (Dien) disposés de façon à empêcher l'action du soleil levant.

Les abris horizontaux sont les plus efficaces. Ce sont des paillassons portés sur des piquets quand il s'agit de préserver les jeunes pousses.

3. Pour préserver la vigne, M. Dien [1] préconise le moyen qui consiste à coiffer chaque cep d'un papier goudronné d'emballage de 30 à 40 cent. de côté. M. Lacoste [2] propose de coiffer chaque cep d'une espèce d'entonnoir en paille dont le prix de fabrication ne dépasserait pas, selon lui, 6 fr. par 1,000. Un autre système consiste encore dans l'emploi des *gaînes-paragrêles* de M. Terrel [3]. Ces gaînes sont faites d'une grosse toile d'emballage, à mailles peu serrées, mais dont le fil est cotonneux. Seulement l'application de ce procédé demande une taille appropriée. Le prix en est de 22 fr. les 1,000 [4].

Pour préserver les cédratiers (*Citrus medica*) en Corse on coiffe les jeunes arbres d'un simple capuchon de bruyère ouvert d'un côté (Boitel).

1. Dien, *Journal d'agriculture pratique*, pour 1879, p. 651.
2. Lacoste, *Préservatif des gelées de la vigne*, Bordeaux, 1876, in-12.
3. Terrel, *Journal d'agriculture pratique*, pour 1880.
4. Chez MM. Saint frères, 4, rue du Pont-Neuf, Paris.

4. *Cultures dérobées*. — Pour préserver la vigne des gelées nocturnes d'avril et de mai, MM. Serres et Rerat [1] préconisent l'emploi du colza et de la navette (*Brassica præcox*) semés au milieu des vignobles.

On sème l'une quelconque de ces plantes en octobre ou en novembre. Elles atteignent environ un mètre aux mois d'avril et de mai, et préservent, par leurs feuillages, la vigne des gelées nocturnes. Dès que ces dernières ne sont plus à craindre [2], on coupe les tiges et on sarcle la terre. Il ne faut pas plus de quinze jours pour que les ceps un peu retardés reprennent leur développement normal. La dépense est de 1 fr. par 24 ares, soit 4 fr. 20 par hectare. En outre, les tiges de colza (*Brassica campestris oleifera*) et de navette (*Brassica præcox*) fournissent un excellent engrais.

5. *L'enfouissement*. — Ce système consiste à enterrer les sarments à fruits des vignes jusqu'à l'époque où les gelées printanières ne sont plus à redouter [2]. La meilleure méthode est le *couchage en fosse ouverte* de M. Harmand [3]. Ce procédé est bon pour les vignes à longs sarments. Mais il est sujet à des inconvénients qui le rendent peu pratique. C'est un des derniers moyens que nous aurions à conseiller à nos lecteurs.

6. *Instructions spéciales*. — On peut réduire le nombre des chances des gelées printanières en soumettant les vignes à certaines conditions recommandées par M. Dubreuil [4] :

« Maintenir le sol exempt d'humidité surabondante au moyen du drainage ; faire que pendant la période où les

1. Serres et Rerat, *Comptes rendus de l'Académie des sciences*, 1877.

2. C'est environ vers le 25 mai que les gelées nocturnes ne sont plus à redouter :

La vendange n'est sauvée
Que si saint Urbain est arrivé.

(*Lorraine, Bourgogne, Espagne*, etc.)

3. Harmand, *Journal d'agriculture pratique*, 1875, t. I, p. 489.

4. Dubreuil, *es Vignobles*, Paris, 1875, in-8°, p. 231.

gelées se produisent le sol soit dépourvu de plantes nuisibles qui retiennent l'humidité des rosées ; s'abstenir de planter dans les bas-fonds habituellement frappés par ce fléau ; ne pas donner de façons à la terre pendant le temps où les gelées sont à craindre ; enfin élever d'autant plus les sarments fructifères ou les coursons au-dessus du sol que la localité est plus exposée à ces gelées. »

7. *Nuages artificiels*. — Les nuages s'opposant au rayonnement nocturne, on peut couvrir les champs d'un nuage artificiel, qui arrête les effets désastreux de la gelée. Ces nuages artificiels agissent d'ailleurs de trois manières :

1° Il est incontestable que la chaleur des feux et celle que contient la fumée s'étendent au delà des points où ils sont allumés.

2° Ces feux rompent l'équilibre atmosphérique toujours favorable aux gelées nocturnes.

3° Enfin, les nuages interceptent les rayonnements des plantes vers l'immensité.

On dispose alors à 12 mètres d'intervalle environ, des tas de mauvaise litière, de mauvais foins, de broussailles, de feuilles sèches, de racines de chiendent, de fumier, de goudron, qu'on maintient un peu humides.

A la place de broussailles on peut employer d'autres substances qui donnent aussi d'abondantes fumées, tels sont le pétrole, la naphtaline, l'huile lourde.

Selon M. de la Blanchère, ce qu'il faudrait obtenir surtout ce sont des nuages bas qui entourent bien les ceps et rasent le sol. L'huile lourde qui provient de la fabrication du gaz d'éclairage donne d'excellents résultats à ce point de vue. Elle est préconisée par M. Dubreuil [1] qui donne à ce sujet toutes les indications pratiques nécessaires. Malheureusement, la fumée qu'elle donne est noire et, comme la plupart

1. Dubreuil, *les Vignobles*, Paris, 1875, in-8°, p. 235 et suiv.

du temps le dégel fait encore plus de dégâts que la gelée elle-même, une fumée blanche, qui reflète les rayons de lumière du soleil levant eût été bien préférable. Selon M. de la Riemiègre[1], le meilleur combustible à employer alors est la balle de blé à laquelle on peut ajouter de la mousse, de la litière sèche, de la sciure de bois, etc.

Les nuages artificiels sont en effet les meilleurs moyens préservatifs que nous ayons à notre disposition. Malheureusement ils ont aussi leurs inconvénients. Le vigneron ne sait toujours pas le moment où la gelée pourra se produire, il peut se lever en retard, alors que le mal est fait. Il n'a pas toujours non plus sous la main les substances nécessaires à l'entretien de ses feux.

M. Bouziat[2] a remédié à tous ces inconvénients en imaginant un appareil automoteur qui, au moment critique, allume sans le secours du vigneron les feux nécessaires. Nous ne pouvons entrer dans la description de cet appareil qui est assez compliqué. Il nous suffit de dire que M. Tresca a fait sur lui un rapport favorable, qui a été lu à la Société centrale d'agriculture de France, dans la séance du 5 juillet 1876. D'ailleurs, l'appareil est en vente chez M. Bouziat même, où nos lecteurs pourront le trouver.

8. *Moyen de sauver les vignes atteintes par la gelée.* — Comme nous venons de le voir, nous avons à notre disposition un grand nombre de moyens préventifs que l'on peut employer suivant les cas et les moyens d'action. Si au mépris de ces moyens, une partie des sarments était gelée, on pourrait employer le procédé Mariotte[3] pour les sauver. Ce

---

1. De la Blanchère, *Journal d'agriculture pratique*, 1875, t. I, p. 561, cite M. de la Riemiègre.

2. Bouziat, *Thermomètre automoteur servant à l'allumage des feux destinés à produire des nuages artificiels*, Paris, 1876, in-12, chez l'auteur : à Vincennes.

3. Mariotte, *Plus de vignes gelées*, Cluny, 1875, in-12.

procédé est fondé sur cette observation que chaque œil ou bourgeon de la vigne est accompagné d'un sous-œil, ou sous-bourgeon, qui reste inerte lorsque le bourgeon se développe dans des conditions normales, mais qui pousse à son tour, et produit des fruits et du bois si le bourgeon vient à être réduit ou supprimé. Le remède consistera donc à provoquer la végétation par ces sous-bourgeons, ce qui pratiquement est très simple. Voici d'ailleurs le résumé de ce procédé fait par M. Joigneaux [1] :

« Quatre ou cinq jours après la gelée, c'est-à-dire, lorsque les dommages sont bien accusés et bien visibles, M. Mariotte examine ses ceps un à un et ne touche aucunement à ceux que le fléau aurait pu épargner dans des situations particulières et favorisées, et sur lesquels il resterait 5 ou 6 raisins en bon état. Mais sur les ceps où il compte moins de 5 raisins, il coupe ras le sarment, tous les bourgeons gelés ou pas gelés.

« Dans le voisinage des bourres principales ou yeux principaux qui fournissent les premières pousses, il y a des yeux de réserve, des yeux latents ou de second ordre, tout prêts, en cas d'accidents, à fournir des secondes pousses. Mais ils ne se développent bien qu'à la condition d'être suffisamment sollicités par la sève. Si on conserve sur un cep, après une gelée incomplète, une ou deux pousses épargnées, la sève s'y portera et s'y écoulera et la plupart des sous-yeux ne bougeront pas. Si au contraire l'on supprime ces pousses en bon état, la sève n'aura plus d'issues ouvertes, sera bien forcée de s'en ouvrir de nouvelles et tous les sous-yeux du cep se développeront. Autant de rameaux supprimés, autant de rameaux de remplacement. »

9. *Conclusion.* — La lutte acharnée, qui a duré tant de siècles, entre l'homme et les gelées nocturnes est terminée maintenant. Le terrible météore peut agir à son aise, il ne

1. Joigneaux, *Journal d'agriculture pratique*, 1875, t. I, p. 561.

diminuera pas d'un litre la production du vin. C'est une
expérience que nous avons achetée cher, mais que nous sommes
parvenus à acquérir. C'est là, certes, un des plus beaux chapitres de la météorologie agricole, science malheureusement
encore trop ignorée dans nos campagnes.

CHAPITRE VIII.

NEIGE.

a. Action sur le sol. — Quand au début d'une période de refroidissement le sol est recouvert de neige, les couches superficielles de terre tendent à se mettre en équilibre de température avec elle, lui cèdent de la chaleur et provoquent un refroidissement dans les couches profondes. La limite maximum de l'abaissement à 0° est d'environ 40 centimètres.

La neige, en tombant, condense les sels ammoniacaux renfermés dans l'atmosphère et les dépose sur le sol à la portée des radicelles des végétaux. Elle condense et dépose aussi les poussières atmosphériques.

b. Action sur la plante. — 1. *Graines et racines.* — Les graines et les racines qui peuvent supporter un froid de 0° sont bien abritées par la neige des refroidissements plus vifs qui pourraient survenir. On peut même dire qu'à cet égard, elle est le meilleur des abris ; elle en a toutes les qualités : ténuité extrème, mauvaise conductibilité de la chaleur terrestre qu'elle conserve et absorption à peu près nulle.

2. *Fonte des neiges.* — Les céréales d'hiver fournissent un exemple frappant de cette protection efficace de la neige. Mais c'est au moment de la fonte qu'elles peuvent redouter l'humidité.

Si la neige fond trop vite, sous l'action d'un coup de vent du sud-ouest., par exemple, elle ravine le sol, entraîne les graines qui sont alors soumises à l'action néfaste d'un dégel brutal. Il n'y a pas de remède à ces fontes rapides. Peut-être, si l'on pouvait prédire exactement le moment de leur arrivée, pourrait-on faire quelques efforts.

De même, lorsque la fonte des neiges est trop lente, le sol s'humecte et les graines sont noyées. C'est ce qui arrive quand le soleil seul détermine la fonte de la neige et surtout, dans les pays montagneux. Il importe donc, pour augmenter la période propice au développement des végétaux, de hâter la fusion de la neige. On y parvient en répandant sur elle des substances absorbantes, telles que terres noires, suie, boue liquide, etc., etc.

c. **Utilisation.** — On peut utiliser la neige pressée, pour, rafraîchir le lait au même titre que l'on utilise la glace. La neige se conserve d'ailleurs aussi bien que cette dernière [1].

1. *Journal d'agriculture pratique,* 1881, t. I.

CHAPITRE IX.

VENT.

Le vent en agriculture agit par sa vélocité et ses propriétés. L'une et l'autre dépendant de sa direction, il importe de bien connaître l'anémologie de chaque localité afin de se garantir si faire se peut.

a. **Action de la vélocité.** — 1. *Assimilation, transpiration.* — Le vent, quand il est modéré, facilite l'assimilation aérienne en ce qu'il débarrasse les feuilles des poussières qui pourraient gêner cette fonction. Il facilite aussi l'exhalaison aqueuse. Cependant quand il est violent il peut entraver l'une et l'autre fonction.

Modéré, il fortifie les fibres des plantes. Violent, au contraire, il en altère la qualité ; c'est ainsi que les filasses de lin (*Linum*) et de chanvre (*Canabis sativa*) deviennent mauvaises dans les années venteuses.

D'après Gasparin, le vent tend encore à enraciner les arbres.

2. *Reproduction.* — Le vent joue un grand rôle dans la reproduction des végétaux. C'est lui en effet qui sert de véhicule au pollen qu'il transporte d'une fleur sur une autre fleur. Ce rôle parfois devient néfaste. Il infeste alors les terres en disséminant outre mesure, parmi les champs cultivés, les graines de mauvaises plantes, telles que les chardons (*Carduus*), laiterons (*Sonchus*), pissenlits (*Taraxacum dens leonis*) [1].

1. De même les vents d'O. par leur humidité nuisent à la fécondation.

3. *Floraison.* — Le vent, dès que sa vitesse devient un peu grande, flétrit les fleurs. Ce sont surtout les arbres fruitiers qui s'en ressentent. Ainsi, dans l'Orne, les *vingtaines* ou vents d'E., qui soufflent avec intensité au commencement du mois de mai, causent un grand préjudice aux pépiniéristes de la contrée.

4. *Maturité.* — Les vents violents font tomber les fruits à l'automne avant la maturité.

5. *Les vents occidentaux.* — En France, les vents occidentaux et notamment ceux d'O. et de SO. sont les plus violents. Ils couchent les arbres et les rompent, ils abattent les petits arbustes, brisent les travaux de l'homme, etc. Ils contrarient surtout la culture du houblon (*Humulus lupulus*), en abattant les tuteurs, et celle du mûrier (*Morus alba*), en faisant tomber les feuilles. Quand ils sont modérés, ils sont favorables aux plantes fourragères.

Les vents orientaux sont rarement violents. Cependant ils le peuvent devenir dans les printemps secs.

6. *La verse des céréales.* — Les céréales se couchent sous l'action violente du vent, mais fort inégalement. Ainsi on a vu des blés verser dans un certain champ et résister dans le champ contigu. On ne sait guère à quoi s'en tenir sur ce phénomène de la « verse des céréales ». Isidore Pierre l'attribue à la silice qui affluerait différemment dans les feuilles. Plus ces dernières en seraient chargées, plus la verse serait facilitée. A l'école d'agriculture de Grignon on pratique l'*épamprement* ou *effanage* des céréales comme remède. Ce procédé réussit généralement. Il consiste, lorsque le blé a une végétation herbacée trop vigoureuse, à couper une partie des feuilles à la moitié environ de leur longueur [1].

On pourrait l'essayer en Russie par exemple, où des vents redoutables qui soufflent pendant 35 jours et appelés

1. Il faut éviter d'attaquer les tiges et les gaines des dernières feuilles. Les parties coupées peuvent être données en fourrage vert au bétail.

chasse-neige abattent en moyenne les céréales de 150.000 hectares de terrain. Ces mêmes vents amènent chaque année la mort de plus de 100,000 têtes de gros bétail.

7. *Gelée.* — Le vent empêche la gelée de se déposer et devient utile par conséquent. C'est ainsi que dans nos campagnes on désire toujours un mois de mai venteux afin d'empêcher les gelées nocturnes si redoutées à cette époque de l'année.

b. **Action des propriétés.** — 1. *Vents froids.*—-Les « vents froids » nuisent aux jeunes pousses qu'ils gèlent sur place. Ils provoquent aussi de grandes variations thermiques qui nuisent à beaucoup de végétaux.

2. *Vents humides.* — Les « vents humides » nuisent à l'exhalaison aqueuse et, si la radiation lumineuse est faible, ils sont la cause de la médiocrité d'une récolte. Les plantes en effet restent gorgées d'eau inutile.

3. *Vents secs.* — Les « vents secs » facilitent l'exhalaison aqueuse. Cependant par une radiation lumineuse trop intense ils dessèchent les végétaux qui paraissent alors comme brûlés. Ainsi, en Vendée, lorsque le vent du N. a soufflé longtemps et fortement, il y a disette de fourrage. Dans ce cas, il faut faire quelques nuages artificiels pour arrêter la trop grande radiation.

On utilise quelquefois la propriété desséchante de certains vents dans les travaux agricoles. Ainsi, dans les Bouches-du-Rhône, le *Siguen* est dans le mois de juillet très utile pour venter les pailles sur les aires et les séparer du grain. De même, le *Feoehn* en Suisse est si sec à la fin de l'été qu'il sert à sécher les foins dans les campagnes d'Uri et de Saint-Gall.

4. *Hâle.* — Un « vent très sec », quelle que soit d'ailleurs sa direction, prend dans nos campagnes le nom de *hâle*. Il détermine, suivant Pouriau [1] :

---

1. Pouriau, *Dictionnaire d'agriculture* de Moll et Gayot, art. *Hâle.*

1° le durcissement de la terre. — ce qui nuit singulièrement à la levée de la graine et au développement des jeunes plants ;

2° la dessiccation et le déchirement des feuilles ;

3° l'arrêt dans la floraison et la fructification ;

4° l'échaudage et l'égrènement des épis.

5. *Vents salés.* — Lorsque les vents sont modérés et légèrement humides, ils sont utiles surtout par le sel marin qu'ils déposent sur les végétaux. (Pouriau.) Cependant, beaucoup de nos départements littoraux ont à souffrir de la trop grande salure des vents. Dans la Gironde, le Gers, les Landes par exemple, les vents salés d'O. et de N.-O. nuisent aux arbres fruitiers et brûlent la verdure.

De même, dans le Calvados, les brunes salines amenées par les brises nuisent aux primeurs et aux arbres fruitiers.

6. *Vents chargés d'acide carbonique.* — Selon M. Schlœsing, les vents transportent sur les continents l'acide carbonique qu'ils ont pris sur l'Océan. Les vents marins, toujours chargés d'acide carbonique, seront donc plus utiles aux végétaux sous le rapport nutritif, que ceux du continent, puisqu'ils fournissent la substance vitale. L'assimilation aérienne est donc en rapport direct avec les qualités des vents. Si l'air était par exemple immobile, le renouvellement de l'acide carbonique ne pourrait s'opérer et les végétaux ne prospéreraient point.

7. *Vents chargés d'ammoniaque.* — Les vents transportent encore les matières ammoniacales aussi nécessaires aux végétaux que l'acide carbonique.

c. **Remèdes.** — Les remèdes contre les vents nuisibles sont en général peu efficaces vu la nature et l'abondance des masses d'air déplacées. Cependant on en connaît quelques-uns.

Pour protéger les pois (*Pisum sativum*), les pommes de terre (*Solanum tuberosum*), le maïs (*Zea maïs*) des coups de vent qui suspendent la végétation, on se contente de les butter

(Joigneaux). En Corse, on préserve les jeunes cédratiers (*Citrus medica*) des coups de vent venus de la mer par des abris verticaux formés de planches, de maquis ou de roseaux. (Boitel.)

Très souvent on fait des plantations de sapins (*Abies excelsa*) pour protéger les grandes étendues de terrains ; ils font l'office de *brise-vents*.

Selon M. Dubreuil [1], dans les pépinières on emploie comme brise-vents et abris, les thuyas (*Thuya occidentalis*), les ifs (*Taxus baccata*), le cèdre de Virginie (*Juniperus virginiana*) dans le nord et le centre de la France ; dans le Midi, le cyprès pyramidal (*Cupressus pyramidalis*), le laurier-cerise (*Laurus cerasi*), le laurier-tin (*Viburnum tinus*). On plante ces arbres à 50 centimètres environ les uns des autres, puis on les palisse et on les tond des deux côtés de manière à ce qu'ils n'offrent plus que l'apparence d'un mur de verdure de 0m,30 d'épaisseur et de 4 mètres d'élévation minimum.

Ces mêmes rideaux d'arbres, convenablement disposés, protègent aussi des vents humides et des miasmes infectieux qu'ils pourraient charrier dans beaucoup de cas.

d. **Périodes.** — En recherchant dans nos dictons populaires les périodes venteuses, nous n'avons trouvé que mars et mai. En mars, le vent est nécessaire pour sécher la terre pour ainsi dire inondée par les pluies de février. En mai, le vent est nécessaire pour empêcher les gelées nocturnes [2].

---

1. Dubreuil, *Culture des arbres à fruits de table*, Paris, 1868, in-18.

2. Ajoutons que le vent est une force motrice gratuite dont on peut tirer parti (*Moulin à vent, turbine atmosphérique,* etc.).

CHAPITRE X.

ÉLECTRICITÉ.

Au point de vue **agricole**, l'« électricité » joue peut-être un grand rôle. Nous n'en savons rien, car les études sur ce sujet ont toujours été fort délaissées. Nous nous bornerons donc à quelques indications fournies par la pratique. Nous classerons ces dernières en trois parties : celles fournies par les différences de potentiel, celles fournies par les décharges électriques et enfin celles fournies par les orages.

a. **Différences de potentiel.** — L'atmosphère et les nuages d'une part et le sol de l'autre sont inégalement chargés d'électricité. Cette différence de potentiel qui s'exerce positivement ou négativement agit-elle sur les végétaux ? Ceux-ci deviennent-ils le siège d'un courant qui se fait du sol vers l'air, ou de l'air vers la terre ?

1. *Action sur les graines.* — D'après Davy le blé (*Triticum sativum*) germe plus vite dans l'eau électrisée positivement que dans celle qui est électrisée négativement. Ce fait est dû à ce que, dans l'électrolyse de l'eau, l'oxygène se dégage au pôle positif, par conséquent la graine trouve là un élément de puissante vitalité. Or le sol est négatif et il en est de même de l'eau qu'il contient. Si cette dernière était pure les graines seraient donc placées dans de mauvaises conditions de développement.

Mais dès que l'eau contient en dissolution des matières minérales les faits sont renversés. Les acides qui se dégagent au pôle positif attaquent les graines, les atrophient et, si l'action se prolonge, causent leur mort. Les parcelles métalliques qui peuvent se former au pôle négatif restent au contraire sans action. Donc les graines que nous confions à la terre qui est toujours chargée d'électricité négative se trouvent dans d'excellentes conditions de développement.

. 2. *Action sur les plantes. Expériences de M. Grandeau.* — M. Grandeau a fait des expériences relatives à l'action de l'électricité atmosphérique sur les plantes. Voici les résultats auxquels il est parvenu :

« 1° Les grands arbres et massifs de verdure fonctionnent, à l'égard de la végétation qu'ils dominent, comme une cage isolante ; ils soutirent l'électricité atmosphérique et soustraient complètement à son action les objets situés entre eux et le sol.

« 2° Le périmètre de protection contre l'influence électrique d'un arbre de grande taille s'étend au delà de la surface comprise dans la projection verticale de la région foliacée.

« 3° Une plante soustraite à l'électricité atmosphérique supporte un retard et une diminution notables.

« 4° La transformation de la chlorophylle en glucose, en amidon, etc., paraît être influencée par l'électricité. L'arrêt dans l'assimilation porte sur l'élaboration des principes hydrocarbonés.

« 5° Dans une plante isolée les fleurs, les fruits et le poids des graines sont inférieurs de 40 à 50 pour %.

« 6° Les plantes électrisées sont moins riches en matières minérales.

« 7° L'électricité exerce une influence sur la nitrification des matières azotées du sol par l'intermédiaire de la plante faisant l'office de conducteur. »

M. Grandeau s'est placé, pour opérer, dans les conditions les plus défavorables. Son point de départ est faux : pas plus ses cages que les arbres ne soutirent l'électricité atmosphérique, c'est la négation la plus absolue des principes d'électricité statique. Bien plus, M. Dehérain, à la station agronomique de Grignon, et M. Naudin, à Nice, ont refait ces expériences : elles n'ont jamais pu être vérifiées ; la végétation dans les cages s'est montrée la même que la végétation hors les cages. Enfin, la théorie de la nitrification des sols par l'électrité n'a pas à nous occuper ; on sait aujourd'hui, d'après M. Dehérain, que la présence de l'azote dans les sols est en rapport intime avec celle d'un microbe anaréobie.

Pour rétablir les choses sous leur véritable jour, disons que *l'électricité, dans le voisinage des arbres et des haies touffues, est toujours neutre*. En effet, l'eau que la plante évapore est toujours neutre ou plutôt elle le devient. Négative dans le sol, elle trouve le fluide positif de l'atmosphère qui la neutralise.

Voici donc ce qu'il y a de vrai, le reste consiste en affirmations ne s'appuyant sur aucune base expérimentale, de sorte que l'action de l'électricité atmosphérique sur les végétaux est encore un problème à résoudre.

b. **Décharges électriques.** — Par « décharges électriques » dans l'atmosphère nous entendons les phénomènes bien connus de la foudre.

1. *Action de la foudre sur les végétaux.* — I. Selon Raspail [1], la foudre frappe les végétaux de deux façons : à l'extérieur et à l'intérieur.

A l'extérieur, elle les carbonise plus ou moins complètement. C'est ce qui s'observe sur les pommes de terre (*Solanum tuberosum*), les branches et feuilles des arbres fruitiers.

Si elle éclate à l'intérieur, et comme elle ne peut se rendre dans la terre à cause de la résistance que lui oppose

1. Raspail, *Annuaire de la santé.*

une surface non conductrice quelconque (écorce résineuse, couche de peinture, etc.), elle dépouille le tissu ligneux de sa matière colorante, isole ses fibres et lui donne l'aspect blanchâtre de l'amiante.

II. Colladon de Genève [1] a fait de très belles observations sur l'action de la foudre sur les végétaux. Nous reproduisons le résumé qu'il en a donné dans une brochure publiée sur ce sujet.

« 1° La foudre, en atteignant une surface végétative d'une certaine étendue, s'étale en une espèce d'aigrette, de trompe élargie ou de nappe et frappe simultanément une multitude de feuilles.

« 2° Si la surface foudroyée est homogène en force négative, si les feuilles et rameaux s'élèvent à une hauteur uniforme et ont des sensibilités à peu près égales, le choc électrique se fait sentir sur une surface continue à peu près circulaire et bien déterminée ; cette surface présente en général un centre où l'action électrique est plus intense ; l'action foudroyante diminue d'intensité depuis ce centre jusqu'à la circonférence.

« 3° Lorsqu'une surface végétative à peu près homogène quant à la nature et à la conductibilité des feuilles ou des mêmes tiges présente des irrégularités de formes ou d'élévations, comme la surface supérieure d'un arbre ou d'une forêt, l'action électrique se dissémine et s'étale sur une surface assez étendue et peut foudroyer un ou plusieurs arbres. Il existe probablement alors plusieurs sphères d'action.

« 4° La foudre produit plus d'effet sur les arbres isolés que sur les arbres groupés.

2. *Action sur les peupliers.* — « Toute la partie supérieure des arbres foudroyés est restée parfaitement saine :

1. Colladon, *Mémoire sur les effets de la foudre sur les arbres et les plantes ligneuses,* Genève, 1872, in-4°.

on ne voit aucune branche atteinte. L'effet commence du sol au tiers de la hauteur de l'arbre à 0ᵐ,30, 0ᵐ,40 ou 0ᵐ,50 et au-dessous de la jonction des fortes branches et du tronc principal.

« Les traces sont d'abord de fortes égratignures sur l'écorce. Plus près du sol des plaques d'écorce, des lambeaux de l'aubier peuvent être projetés en divers sens. Dans le centre de la plaie on trouve parfois de profondes fissures.

« La foudre frappe trois fois plus les peupliers (*Populi*) que les chênes (*Quercus*).

3. *Action sur les chênes.* — « Le sommet périt à la suite de l'explosion. La plaie commence à peu de distance du sommet où elle acquiert quelques décimètres et elle descend jusqu'au sol avec régularité. Le milieu de la plaie est caractérisé par une rainure continue à peu près circulaire dans le fond de laquelle on rencontre quelquefois des fissures dirigées vers l'axe du tronc.

4. *Action sur la vigne.* — « 1° Les parties de la tige les plus altérées, sont les tissus jaunes vivants et humides situés entre le bois et l'écorce.

« 2° L'écorce elle-même est peu altérée dans toute son épaisseur et les rayons médullaires sont altérés dans le voisinage du cambium.

« 3° Le bois et la moelle ne semblent pas subir de grandes altérations ; ils deviennent grisâtres.

« 4° L'altération se manifeste par un changement de couleur : ils deviennent plus foncés, brun ferrugineux, noirâtre.

« 5° Au microscope on remarque :

(a) Les parois médullaires ne sont pas déchirées, mais intactes ;

(b) Le contenu brun du liquide azoté des cellules (*protoplasma*) est contracté et cette partie a cessé de vivre ;

(c) Les grains d'amidon restent intacts.

« 6° Les canaux vasculaires ne sont pas interrompus.

« 7° L'altération du tissu cellulaire des feuilles est la même que celle du cambium. »

5. *Action sur les animaux.* — La foudre frappe les réunions d'animaux, les troupeaux de la même façon que les végétaux. Elle présente une ou plusieurs sphères d'action selon que la masse des corps animaux est homogène ou hétérogène en force électrique. La foudre peut ainsi faire de grands ravages. En 1873, elle tua 427 bêtes à laine sur l'Aigonal; en 1876, 600 près du Pont-de-Monvert, etc., etc.

6. *Action sur les habitations, paratonnerres.* — La foudre frappe les habitations; elle prend le chemin électriquement le plus court, c'est-à-dire, celui qui est tracé par les corps bons conducteurs. Les fermes isolées au milieu des campagnes sont sujettes à être frappées par le météore qui peut y faire plus ou moins de dégâts.

Pour y remédier il suffit d'établir quelques bons paratonnerres préventifs du système Melsens.

Dans les petites fermes où l'installation d'un paratonnerre coûterait trop cher, on peut employer les arbres comme moyen de protection. Les peupliers (*Populi albæ*) remplissent, très bien cette fonction à condition cependant que l'action de la foudre y soit régularisée par des fils de fer et qu'il n'y ait point de mare ou d'étang à proximité de l'édifice.

c. **Orages.** — Les « orages » sont des météores complexes, des manifestations diverses et simultanées du vent, de la pluie et de la foudre. Aussi, au point de vue agricole, les orages sont-ils réellement redoutés, car l'action néfaste de ces divers éléments ajoutés l'un à l'autre compromet singulièrement les récoltes.

Ajoutons encore que le sarrazin (*Polygonum fagopyrum*) est très sensible aux manifestations électriques des orages.

Pendant les temps orageux l'évaporation générale étant

activée, l'évaporation intra-cellulaire se développe considérablement ; or la maturité est pour cette cause avancée. De telle façon qu'un temps orageux est quelquefois plus utile aux cultures qu'une journée chaude et sereine. La vigne est précisément dans ce cas.

CHAPITRE XI.

GRÊLE.

Nota. — Nous avons séparé le chapitre de la « grêle » de celui de l'« électricité atmosphérique », bien que ce terrible fléau accompagne toujours quelque orage. Ce n'est pas que nous partagions les idées théoriques de l'heure actuelle qui tendent à faire de la « grêle » un météore cosmique. Mais parce qu'avec la « gelée » c'est l'ennemi le plus redoutable du cultivateur. Il nous convient donc de fournir à nos lecteurs toutes les indications pratiques, soit de préservation, soit de médication, que peuvent nous fournir la science et la pratique.

La grêle fait chaque année pour plus de 40 millions de dégâts ; nous ne saurions donc trop nous appesantir sur ce sujet.

a. **Moyens préventifs, paragrêles.** — John Murray [1] préconise l'emploi des paragrêles comme moyens préventifs contre la « grêle ». Ces instruments se composent d'une grande perche de bois qui peut avoir de 10 à 15 mètres de long, et qui pénètre dans le sol à la profondeur d'un mètre environ. Au milieu et sur toute la longueur se trouve, logé dans une rainure spéciale, un fil de laiton de 2 à 3 millimètres de diamètre, qui dépasse de 8 à 10 centimètres le sommet de la perche et qui est terminé en pointe. Tels, ils ne coûteraient pas plus de 6 à 8 fr., tous frais compris. (Fig. 3, a.).

1. John Murray, *Électricité atmosphérique*, Manuel Roret.

Pour des paragrêles de 10 mètres, il faut les espacer de 20 mètres en 20 mètres. D'après cela l'établissement de paragrêles sur un hectare de superficie coûterait de 150 à 200 fr.

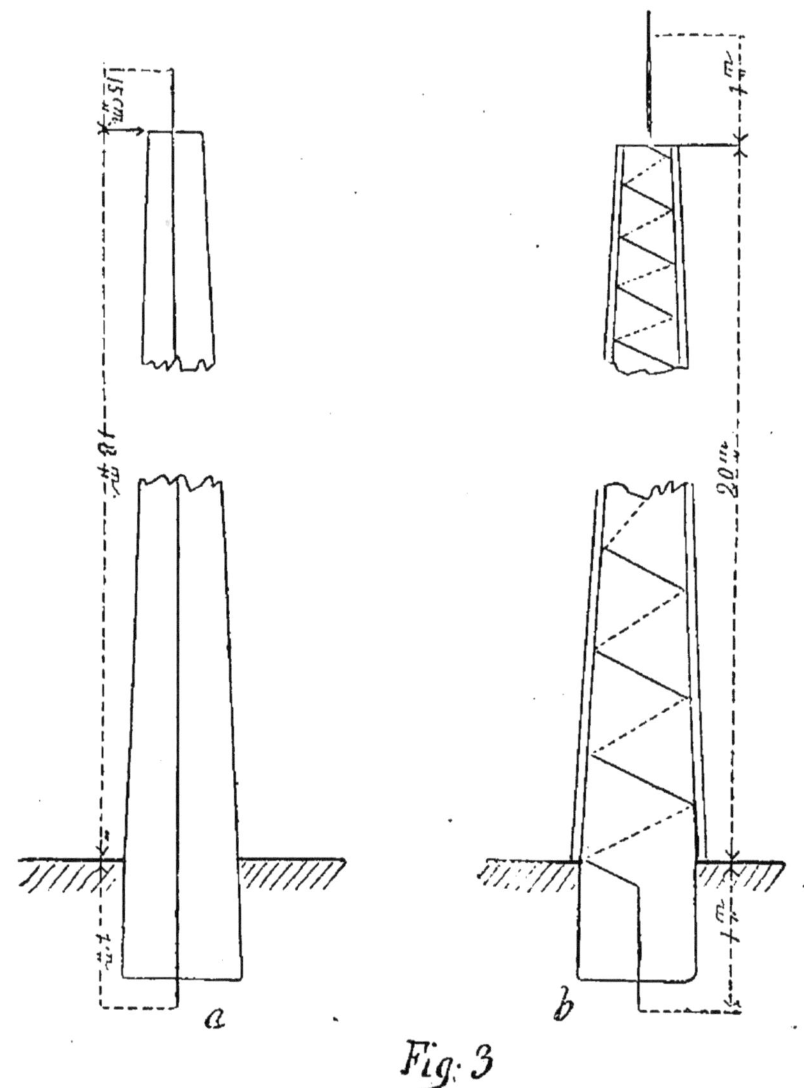

Fig. 3

D'autres paragrêles [1] ont une vingtaine de mètres de hauteur. Un fil de laiton de quelques millimètres de grosseur s'enroule en longue spirale sur la tige; il s'élève d'en-

1. *Moniteur agricole du SW*, 1880, p. 70.

viron un mètre au-dessus de son sommet et s'enfonce par l'autre extrémité dans le sol. Le tout est entouré d'une torsade de paille en spirale. Ces paragrêles installés dans l'arrondissement de Muret coûtent de 15 à 18 fr., et on les place à une centaine de mètres les uns des autres. (Fig. 3, b.).

S'il est vrai que ces instruments sont d'une efficacité absolue, leur prix est assez modique comparativement aux ravages de la grêle pour qu'on puisse tenter leur établissement. Surtout qu'une fois établis, ils peuvent durer indéfiniment quand on a bien le soin toutefois de goudronner la perche pour la préserver de la pourriture.

S'il est vrai encore que la grêle est un météore électrique et que c'est en neutralisant l'électricité atmosphérique par l'électricité du sol conduite dans les paragrêles qu'agissent ces derniers, n'y aurait-il pas avantage de multiplier les pointes au sommet à la manière des paratonnerres Melsens?

John Murray cite un grand nombre de faits tendant à démontrer l'efficacité de ces paragrêles. Selon lui, quand un orage à grêle vient fondre sur un champ, cette dernière se réduit en neige dans les deux premières lignes et en pluie sur tout le reste de l'étendue.

Nous ne prétendons pas mettre en doute un seul moment la bonne foi de cet auteur. Mais comme nous n'avons pas encore vu fonctionner un tel système de paragrêles, nous n'oserions rien affirmer avant de nouvelles expériences.

Ceux de l'arrondissement de Muret réussissent bien, paraît-il. Leur établissement serait peut-être à préconiser.

b. **Remèdes.** — Quand un champ de vigne (*Vitis vinifera*) a été grêlé fortement, la récolte de l'année est perdue et il n'y a aucun espoir de la sauver. Mais il faut jeter ses regards sur la récolte de l'année suivante, qui, si l'on n'agit pas immédiatement, serait aussi compromise. Deux cas sont à étudier selon M. Dubreuil [1] : ou la vigne a été grêlée avant juillet, ou bien elle a été grêlée après.

Dans le premier cas il faut développer avant l'hiver des sarments sains et vigoureux. L'on y parvient par une taille analogue à celle de l'hiver avec cette seule différence qu'on ne taillera qu'à un œil au lieu de deux.

Dans le second cas, alors que la saison est trop avancée pour qu'on puisse espérer des bourgeons convenablement constitués avant l'hiver, il faut retrancher la moitié seulement de la longueur des bourgeons (*sic*) et à la taille d'hiver tailler un peu plus court, car les ceps seront nécessairement moins vigoureux.

1. Dubreuil, *les Vignobles,* Paris, 1875, in-8°, p. 244 et 245.

CHAPITRE XII.

LES ÉLÉMENTS DE L'AIR ET LE SÉDIMENT.

L'air est un mélange de plusieurs gaz dont les deux principaux sont l'azote et l'oxygène. Il tient en outre en suspension des débris de toutes sortes, des poussières infimes, microscopiques, répandus à profusion et qui constituent le « Sédiment atmosphérique ». On y trouve encore des végétaux et des animaux microscopiques, rarement développés entièrement, mais à l'état de *spores*, qui attendent un milieu convenable pour se développer.

Toutes ces substances ont un rôle agricole plus ou moins marqué que nous allons examiner.

a. Corps gazeux. — Voici le tableau de ces substances gazeuses.

TABLEAU XXIII. — *Corps gazeux.*

Présence constante.	Grande quantité		Azote. Oxygène.
	Petite quantité	Origine marine	Vapeur d'eau. Acide carbonique.
		Origine terrestre	Ammoniaque. Acide azotique. Acide azoteux.
		Origine contestée	Ozone.
Présence accidentelle			Oxyde de carbone. Hydrogène.

1. *Azote.* — L'azote, qui est le gaz le plus répandu dans l'air (77 % en poids, 79 % en volume), a un double rôle agricole que nous allons voir.

D'abord, gaz incomburant il modère l'action de l'oxygène.

En seconde ligne, c'est l'atmosphère qui fournit aux plantes la grande quantité d'azote qu'elles emploient pour leur consommation.

L'azote entre dans les végétaux : 1° sous la forme de nitrates, 2° sous la forme d'ammoniaque, 3° sous la forme d'azote organique. Les premiers existent dans le sol; les derniers dans l'atmosphère et sont versés sur le sol par les pluies.

L'on avait observé que les plantes légumineuses (trèfle, luzerne, etc.) contiennent une quantité d'azote bien supérieure à celle qui leur était fournie par les fumures et les pluies. M. George Ville prétendit alors que ces plantes puisaient directement dans l'atmosphère l'azote qui leur était nécessaire. Ces résultats furent niés par un grand nombre d'expérimentateurs, lorsque Berthelot résolut la question. Il démontra expérimentalement que *sous l'influence des effluves électriques les matières organiques pouvaient, à la température ordinaire, absorber l'azote libre de l'air.*

2. *Oxygène.* — C'est l'élément vital par excellence. Il est nécessaire aux graines pour germer, aux végétaux et aux animaux pour respirer (Voy. *Chaleur* et *Respiration*). L'acte de la respiration, c'est-à-dire, l'absorption d'oxygène et le dégagement d'acide carbonique ne se fait que la nuit dans les plantes [1].

C'est, après l'azote, l'élément le plus répandu dans l'air (23 % en poids, 20 % en volume).

3. *Vapeur d'eau.* — La vapeur d'eau a un rôle agricole que nous avons étudié au chapitre relatif à l'humidité (p. 37).

---

1. Il a lieu aussi pendant le jour, mais il est masqué par le phénomène inverse de l'assimilation.

4. *Acide carbonique.* — L'acide carbonique existe en très petite quantité dans l'air. Cependant c'est lui qui est l'origine de toutes les matières carbonées contenues dans les végétaux. Ceux-ci l'absorbent par voie d'assimilation (Voy. *Lumière et Assimilation*) pendant le jour. C'est dans les cellules à chlorophylle que l'acide carbonique assimilé est transformé en matière organique.

L'air du sol contient des proportions d'acide carbonique. Ainsi, d'après Boussingault, 10,000 litres d'air contenus dans le sol à la profondeur ordinaire des labours en contiennent 90 dans les terres fumées depuis un an, et 980 dans les terres fumées depuis 9 jours.

5. *Ammoniaque.* — L'ammoniaque existe dans l'air en plus petite quantité encore que l'acide carbonique. Ce corps n'en est pas moins très utile en agriculture. Il est entraîné par les pluies dans le sol et passe dans la plante pour y fournir son azote. L'air du sol en contient aussi une quantité notable.

6. *Ozone.* — L'influence agricole de l'ozone est contestée, Il n'existe d'ailleurs qu'en quantité infime dans l'atmosphère. un quatre cent-cinquante millionième environ.

b. Sédiment. — 1. *Dénombrement.* — Il existe dans l'air une quantité considérable de poussières, de débris de toutes sortes de provenances que les vents charrient et déposent sur le sol. M. Tissandier[1] a observé que la quantité de poussières tombées en 24 heures sur un mètre carré de surface variait de 2^{mm} à 12^{mm} selon l'état du temps.

2. *Composition chimique.* — Une si faible quantité de poussières peut-elle avoir une influence agricole ? Cela dépend évidemment de sa composition chimique. Celle-ci est, d'après M. Tissandier[2], la suivante :

---

1. G. Tissandier, *les Poussières de l'air*, Paris, 1877, in-12,
2. G. Tissandier, *ouvrage cité*, p. **12**.

Matières organiques..............................	32,265
Chlorures et sulfates alcalins et alcalino-terreux, nitrate d'ammoniaque...............................	9,220
Sesquioxyde de fer.............................	6,120
Carbonate de chaux............................	15,940
Carbonate de magnésie, traces de phosphates, alumine..	2,121
Silice...	34,334
Total......................	100,000

3. *Influence agricole.*— I. En fixant à 6 millig. la quantité de poussières tombées en 24 heures sur un mètre carré, le poids total tombé sur un hectare en un an serait de $6 \times 365 \times 10,000 = 21$ kil. 9, soit 22 kil. en chiffre rond.

II. Des substances qui composent les poussières du sédiment toutes ne sont pas utiles ; la silice, par exemple, n'a aucune action immédiate. De telle façon qu'un hectare de superficie ne reçoit en définitive que 13 kil. de matières plus ou moins utiles. Si on en cherchait même la tenure en matériaux directement assimilables on arriverait à des valeurs tout à fait insignifiantes. En outre, si les vents déposent des poussières sur le sol, ils en enlèvent aussi, ce qui est encore une cause de perte. Donc, en résumé, le sédiment atmosphérique n'a aucune influence agricole.

Peut-être les poussières déposées sur les feuilles ont-elles une influence sur l'assimilation et la respiration ? Si oui, elle ne doit guère s'exercer que dans de très faibles limites.

c. **Substances végétales.** Aucun végétal ne vit exclusivement dans l'atmosphère. On n'y trouve que les spores de quelques cryptogames. Ces spores se développent sitôt qu'elles se trouvent sur une substance convenable. Ce sont surtout les spores de *moisissures* que l'on rencontre souvent, celles du *Penicellium glaucum* (confitures), de l'*Aspergillus glaucus* (fruits conservés), etc., etc.

d. **Substances végéto-animales.** — Il n'existe pas non plus d'animaux vivant exclusivement dans l'atmosphère : on n'y trouve que les germes de *microbes* (600 par mètre cube selon Miquel). Ces germes n'attendent que de se trouver dans un milieu propice pour se pouvoir multiplier à l'infini.

Nous citerons notamment :

Mycoderma aceti, micrococcus cause de la fermentation acétique ;

Mycoderma vini, micrococcus cause de la fermentation du moût ;

Micrococcus du choléra des poules (Pasteur), cause de graves épizooties parmi les volailles ;

Bacille tartrique, bacille lactique, bacille butyrique qui sont respectivement la cause des fermentations tartrique, lactique et butyrique.

Bacillus anthracis (Pasteur), cause de la terrible épizootie du charbon qui tue chaque année un grand nombre d'animaux domestiques [1].

Ceux de ces microbes qui s'attaquent aux aminaux ont été étudiés dans des recherches vétérinaires par M. Pasteur. Non seulement ce savant a trouvé les causes certaines de beaucoup de graves épizooties, mais il en a encore indiqué les remèdes en perfectionnant la *vaccination*. Comme ces recherches sortiraient de notre cadre, nous renvoyons le lecteur aux traités vétérinaires spéciaux.

---

1. Ajoutons encore : le *Micrococcus prodigiosus* (Cohn), cause de l'altération rouge du pain, et le *Bacterium cyanogenum*, cause de la maladie dite « du lait bleu. »

CHAPITRE XIII.

INSTRUCTIONS MÉTÉOROLOGIQUES.

L'agriculteur intéressé doit faire un certain nombre d'observations qui lui permettent d'apprécier les conditions météorologiques dans lesquelles il se trouve. Ces observations nécessitent l'emploi de certains instruments sur lesquels il est nécessaire de fournir quelques instructions pratiques.

Ces instructions sont écourtées le plus possible, et les indications techniques sont extraites des *Instructions météorologiques du Bureau central* [1].

a. **Thermomètre**. — 1. *Exposition*. — Les thermomètres doivent être placés dans les mêmes conditions que les végétaux eux-mêmes. C'est donc au soleil qu'il faut les exposer, sur un champ gazonné, loin de tout abri (arbres ou maisons) à 2 mètres environ du sol. Ils doivent de plus être garantis contre la pluie.

2. *Réglage*. — Par suite du travail moléculaire du verre les divisions des thermomètres peuvent changer et fausser les résultats. Il importe alors de les faire parvenir au Bureau central météorologique où ils sont vérifiés et la correction indiquée. Cette dernière doit être inscrite sur les registres d'observation et défalquée des observations ultérieures.

3. *Lecture*. — « A chaque lecture, il faut avoir soin de se

---

1. Bureau central météorologique de France, *Instructions météorologiques*, Paris, 1881, in-8°.

placer dans une position telle que la ligne qui va de l'œil à l'extrémité de la colonne ou de l'index soit à très peu près perpendiculaire au tube du thermomètre observé; on doit éviter que la chaleur de l'haleine, ou celle de la lumière dont on fait usage au besoin, ne fausse les indications des instruments. »

4. *Instruments*. — Les thermomètres à employer sont : un thermomètre à maximum, un thermomètre à minimum et un thermomètre du sol.

« Le thermomètre à maximum doit être placé horizontalement ou, mieux, incliné de quelques degrés, le réservoir en bas. Après la lecture, on redresse le thermomètre en lui donnant, si c'est nécessaire, une petite secousse pour faire rentrer le mercure dans le réservoir. En général, cet instrument supporte le voyage sans se déranger, surtout s'il n'existe pas de chambre à l'extrémité de la tige. »

« Le thermomètre à minimum doit, comme le précédent, être placé presque horizontalement, le réservoir un peu plus bas que la tige et fixé de manière à n'être pas ballotté par le vent, ce qui déplacerait l'index. Après chaque lecture de l'instrument, on le redresse, le réservoir en haut, pour faire descendre l'index jusqu'à l'extrémité de la colonne d'alcool. »

« Il est également très utile de mesurer la température du sol; on choisira de préférence la profondeur de $0^m,30$. La graduation du thermomètre ne commence alors qu'à $0^m,30$ au-dessus du réservoir. On pratique un trou dans le sol, on y met le réservoir et la partie verticale non graduée de la tige, puis on tasse tout autour de la terre finement tamisée et débarrassée des pierres... Pour faire aisément l'observation on se sert alors d'un petit miroir que l'on tient à la main. En plaçant ce miroir devant la tige du thermomètre et l'inclinant convenablement, on trouvera une direction pour laquelle les divisions de la tige et la colonne de mercure pourront être vues facilement sans que l'observateur soit obligé de prendre une position gênante. »

5. *Observations.* — Du moment que l'on possède les observations maximum et minimum, toutes les autres observations thermométriques à l'air libre sont complètement arbitraires. On peut choisir, par exemple, le moment du départ aux champs, celui des repas, celui du retour, etc. Plus on en fera, mieux ce sera : il faut seulement indiquer avec soin les heures exactes.

b. **Baromètre.** — 1. *Instruments.* — Les baromètres ordinaires à mercure sont mal commodes pour l'agriculture ; les baromètres métalliques sont préférables, parce qu'on peut les transporter facilement. Il est dommage qu'ils donnent lieu à quelques incertitudes.

Les baromètres métalliques sont fréquemment employés dans les stations agricoles, pour permettre de suivre les variations de la pression et d'en tirer des déductions sur le temps probable. L'exactitude qu'ils comportent est généralement suffisante pour cet usage ; mais il est bon dans ce cas que le baromètre indique, non la pression vraie, mais la pression réduite au niveau de la mer. »

2. *Réglage.* — « Le Bureau central météorologique fournit aux communes le moyen de faire ce réglage à époques régulières. Il suffit pour cela, *et sans avis spécial,* d'observer le baromètre à 9 heures du matin et à 3 heures du soir les cinq derniers jours de chaque trimestre. Le tableau de ces observations sera envoyé *par la poste* au Bureau central sous le couvert de M. le Ministre de l'Instruction publique. Par la même voie, le Bureau central adressera au maire de la commune la correction qui devra être faite aux indications du baromètre, s'il y a lieu. »

« Une vis placée au fond de la boîte métallique de l'instrument sert à faire marcher l'aiguille à droite ou à gauche. En faisant marcher cette vis très lentement et avec précaution, on déplacera l'aiguille, dans le sens voulu, de la quantité signalée par le Bureau central, de manière à rendre exactes les indications de l'instrument. »

3. *Observations*. — Les heures d'observation du baromètre sont les suivantes : 1° une heure avant le coucher du soleil ; 2° deux heures après le coucher du soleil ; 3° une heure avant le lever du soleil ; 4° deux heures après le lever du soleil ; 5° à 9 heures du matin ; 6° à 3 heures du soir. On peut en ajouter d'autres si l'on veut, mais celles-ci sont absolument nécessaires pour la prévision du temps.

c. **Actinomètre.** — L'actinomètre d'Arago est un instrument cher peut-être, pour l'agriculture, mais qui est absolument nécessaire. On doit le placer au soleil. Pour faire une observation, il faut faire la différence des indications marquées sur les thermomètres conjugués.

Les observations doivent être faites de 3 heures en 3 heures.

d. **Hygromètre.** — 1. *Psychromètre.* — Cet instrument fournit le degré relatif d'humidité de l'air par la différence entre un thermomètre sec et un thermomètre mouillé. On le place à l'ombre et on renouvelle de temps en temps les brins de mèche de coton et la mousseline qui entoure l'un des thermomètres.

Les constructeurs fournissent une table psychrométrique ainsi que toutes les autres indications se rapportant aux observations.

2. *Hygromètre à cheveu.* — L'hygromètre à cheveu est plus commode que le psychromètre pour les indications agricoles. Les constructeurs fournissent toutes les indications propres au service de cet instrument.

3. *Observations.* — L'heure des observations hygrométriques est peu importante. On peut les faire en même temps que celles du thermomètre quand l'occasion s'en présente. L'essentiel est d'avoir au moins une observation par jour.

e. **Pluviomètre.** — Nous avons vu l'importance de la pluie en agriculture : nous ne saurions donc trop recommander l'établissement d'un pluviomètre.

« Le pluviomètre sera placé dans un lieu bien découvert, loin des murs ou bâtiments élevés, sans être néanmoins trop exposé au vent, et à une hauteur d'environ 1^m,50 au-dessus du sol. Quand on l'établit sur des points élevés au-dessus du sol on recueille généralement une quantité d'eau moindre. Il est expressément recommandé de ne *jamais établir le pluviomètre sur un toit*. On devra s'astreindre, dans chaque observation, à noter la hauteur d'eau recueillie en millimètres et *dixièmes de millimètre*. »

Au point de vue agricole le meilleur pluviomètre est celui de M. Hervé Mangon.

f. **Girouette.** — « On observe habituellement la direction du vent à l'aide d'une girouette, mais il faut que celle-ci soit très mobile, bien équilibrée et aussi élevée que possible pour n'être pas influencée par les édifices voisins. »

Au point de vue agricole nous recommandons une girouette dont la rose des vents serait placée non sur la tige aérienne, mais à l'intérieur de l'habitation, peinte sur le plafond, par exemple ; une aiguille mue par la girouette indique la direction du vent.

« A défaut de girouette, on pourrait, pendant le jour, observer la direction du vent à l'aide d'un simple ruban de soie noire de 0^m,02 ou 0^m,03 de largeur et de 0^m,30 ou 0^m 40 de longueur, attaché sur le faîte de la maison au bout d'une tige longue et flexible, par exemple une ligne à pêcher. Il sera même bon de répéter cette expérience de temps en temps concurremment avec l'observation de la girouette, pour s'assurer que celle-ci donne des indications exactes. »

g. **Nuages.** — La « quantité » de nuages se mesure par simple estimation.

Beau, quand il n'y a pas un seul nuage.

Nuageux, quand un certain nombre de nuages flottent dans l'air.

Couvert, quand on n'aperçoit plus aucune tache bleue.

La « forme » des nuages est aussi très utile à connaître au point de vue de la « prévision du temps ».

1° *Cirrus,* nuages de glace présentant l'aspect de filaments délicats et déliés plus ou moins étendus et enchevêtrés, sous les formes les plus variées. Abréviation : Ci.

2° *Tracto-cirrus,* nuages de glace présentant l'aspect de bandes étendues ayant l'apparence de coton cardé, ou de touffes déchiquetées. Abréviation : T-Ci.

3° *Cirro-stratus,* nuages de glace, composés de petites bandes ou rubans parallèles concaves ou convexes, accompagnées de stries et de dentelures. Abréviation : Ci-s.

4° *Cirro-cumulus,* nuages de neige, composés d'une foule de petites balles, de petits flocons dont l'ensemble offre l'aspect de coups de pinceau ; ils donnent au ciel l'aspect moutonné. Abréviation : Ci-C.

5° *Pallio-cirrus,* nuages de neige, couvrant la surface du ciel et d'une couleur grisâtre ou d'un blanc perle. Abréviation : Pa-c.

6° *Globo-cirrus,* nuages de neige, présentant un aspect semblable a celui des stalactites d'une grotte. Abréviation : G.-ci.

7° *Pallio-cumulus,* nuages de vapeur, couvrant entièrement le ciel, d'une couleur gris d'ardoise, et s'étendant en couche au-dessous des Pallio-cirrus. Abréviation : P.-cu.

8° *Globo-cumulus,* nuages de vapeur, de même aspect que le Globo-cirrus, mais qui sont attachés au Pallio-cumulus. Abréviation : G.-cu.

9° *Cumulus,* nuages de vapeur, présentant l'aspect d'une montagne et restant toujours près de l'horizon. Abréviation : Cu.

10° *Fracto-cumulus,* nuages de vapeur, n'ayant pas de

forme bien nette et traversant le zénith en diverses directions. Abréviation : F.-cu.

h. **Phénomènes périodiques.** — Il est encore utile de noter les phénomènes périodiques de l'agriculture : bourgeonnement, feuillaison, floraison, maturité, défeuillaison des végétaux qui se trouvent dans la localité ; semis, moissons, vendanges, fenaison, etc.

« On notera, autant que possible, le jour exact de chacun des phénomènes observés ; quelquefois le phénomène n'est pas net, et, si l'on peut hésiter entre plusieurs jours, on indique les jours extrêmes, par exemple : Lilas commun (*Syringa vulgaris*), feuillaison du 10 au 13 mars. Mais il ne faut pas se contenter d'indications vagues, comme simplement le nom du mois ; une telle indication ne serait en général d'aucune utilité. »

TABLEAU XXVI. — *Observation du Jour* (suite).

ÉTAT DU TEMPS.	EFFETS A PRÉVOIR.	
c. — *Pronostics tirés de la neige.*		
23. Neige tombant en cristaux réguliers............	Froid.	T.
24. Neige tombant en cristaux irréguliers............	Diminution du froid.	T.
d. *Pronostics tirés des phénomènes lumineux.*		
25. Arc-en-ciel double.......................	Pluie.	D.
26. Arc-en-ciel dans la matinée.................	Pluie et vent.	D. H.
27. Arc-en-ciel dans la soirée	Beau.	D. H.
28. Couronne diminuant.....................	Pluie.	H.
29. Couronne augmentant....................	Beau.	H.
30. Halos solaire ou lunaire..................	Pluie.	H.
e. — *Pronostics tirés du brouillard.*		
31. Brouillard se dissipant sans former de nuages....	Beau.	G.
32. Brouillard se dissipant en formant des nuages...	Pluie.	D. G.
33. Brouillard se renouvelant plusieurs jours de suite...........................	Pluie.	G.
34. Brouillard en hiver.....................	Beau.	D.
35. Brouillard léger et blanc après mauvais temps...	Beau.	D.
36. Brouillard épais et noir	Pluie.	D.
37. Brume en hiver	Neige.	D.
f. — *Pronostics tirés du tonnerre.*		
38. Tonnerre le matin.....................	Vent.	D. Da.
39. Tonnerre à midi......................	Pluie.	Da.
40. Tonnerre au soir......................	Orage et pluie.	D.
41. Éclair du côté du nord-est (N.-E.)..........	Pluie (lendemain).	Da.
42. Éclair du côté du nord (N.)...............	Vent nord (N.).	Da.
43. Éclairs venant du S.. du N.-O. et de l'O, dans une nuit sereine........................	Vent et pluie.	Da.
44. Éclairs en hiver [2]...................	Vent, tempête.	D. [1].

1. Les observations se font dans la journée à n'importe quel moment selon les circonstances et l'ordre des phénomènes. Il est bien rare que dans une journée plusieurs de ces 44 cas ne se présentent pas.

2. Voir encore le tableau XXVI *bis* **à la fin du volume.**

TABLEAU XXVII. — *Observation de la Lune* [1].

ASPECT DE LA LUNE.	EFFETS A PRÉVOIR.	
1. Corne supérieure ou septentrionale droite et bien pointue..............................	Vent nord (N.).	Da.
2. Corne inférieure ou méridionale droite et bien pointue...................................	Vent sud (S.).	Da.
3. Cornes bien pointues..........................	Vent (nuit).	Da.
4. Cornes grosses et épaisses au lever de la lune...	Violent orage.	Da.
5. Cornes pointues et noirâtres....................	Vent.	M.
6. Extrémités de son croissant émoussées..........	Pluie.	M.
7. Moitié de son disque net et clair...............	Beau.	Da.
8. Lune rougeâtre...............................	Vent.	Da.
9. Lune noirâtre................................	Pluie.	Da.
10. Lune entourée d'un cercle noir, sombre et obscur....................................	Vent du côté où le cercle se rompra.	Da.
11. Lune entourée de deux cercles..................	Grand orage.	Da.
12. Lune paraissant grosse........................	Vent.	M.
13. Lune entourée d'un cercle clair et rougeâtre....	Vent.	M.
14. Lune entourée de deux cercles brisés...........	Tempête.	M.
15. Lune à disque pâle............................	Pluie.	M.
16. Lune à taches visibles.........................	Beau.	M.
17. Lune à taches invisibles.......................	Pluie.	M.

1 Observation qui se fait pendant le jour et pendant la nuit.

TABLEAU XXVIII. — *Observation de la Nuit.*

ASPECT DES ÉTOILES.	EFFETS A PRÉVOIR.	
1. Étoiles paraissant plus étincelantes que de coutume et paraissant changer de place..........	Vent.	F.
2. Étoiles perdant leur vivacité..................	Pluie.	G.
3. Étoiles paraissant troubles....................	Pluie.	G.
4. Étoiles perdant leur éclat sans nuages ni brouillard visibles.................................	Pluie.	Da.
5. Étoile scintillant fortement...................	Pluie (surlendemain).	H.
6. Étoiles paraissant plus grandes et que le vent d'E. souffle	Pluie soudaine.	M.

TABLEAU XXIX. — *Tableau d'Houzeau et de Lancaster* [1].

Vent régnant.	SYMPTOMES.		EFFETS A PRÉVOIR.
	BAROMÈTRE.	ÉTAT DU CIEL.	
N.	Montant......	Beau ciel..........	Temps froid et sec.
		Ciel nuageux......	Le temps s'éclaircit.
		Pluie ou neige.....	Le vent passe au N.-E., des ondées alternent avec le soleil.
		Après vent variable.	L'air se refroidit d'abord, reste serein ; puis se réchauffe sous l'influence des rayons solaires.
	Descendant...	....	Les nuages s'élèvent et le temps se réchauffe momentanément.
N.-E.	Montant......	....	Pluie froide ou neige.
	Fixe ou très lent.........	Beau ciel.	Le vent persiste, le temps sec s'établit.
		Ciel nuageux, de la pluie ou de la neige au début du vent régnant..........	Le vent persiste, le temps redevient serein.
	Descendant...	Beau temps, petits nuages pommelés très élevés...	Chaleur sans pluie.
		Beau temps, léger voile blanchâtre sur le ciel, astres pâles	Pluie en été, dégel en hiver.
		Ondées par intervalle............	Le vent passe à l'E. ou au S. ; le ciel se couvre de petits nuages arrondis, ou devient complètement serein.
	Descendant rapidement....	Froid rigoureux et continu, apparition du voile blanchâtre sur le ciel.......	Chute de gouttes glacées ou de verglas, après quoi le temps doux ou le dégel ne se font pas attendre.

1 Houzeau et Lancaster, *Traité élémentaire de Météorologie*, Paris, 1880, in-8°, p. 276 et suivantes. Quelques additions ont été faites par M. Cann. Elles sont bonnes pour le bassin de la Seine.

| Vent régnant. | SYMPTOMES. | | EFFETS A PRÉVOIR. |
	BAROMÈTRE.	ÉTAT DU CIEL.	
N.-E.	Descendant rapidement....	Ciel couvert.......	Le vent passe brusquement au S.-E. ou au S.; le ciel s'éclaircit; le froid est intense; mais 24 heures après les nuages paraissent et le dégel commence.
E.	Montant.....	....	Pluie froide ou neige suiv. la saison 1.
	Fixe ou très-lent........	Beau ciel.........	Le vent persiste : le temps sec dure.
		Ciel nuag., avec de la pl. ou de la neige au début du vent.	Le vent persiste; le ciel redevient serein.
	Descendant...	Beau temps; petits nuages très légers.	Chaleur sans pluie.
		Ciel voilé; nuages..	Pluie.
		Chaleur continue après la pluie.....	Nouvelles pluies.
		Neige............	La neige se transforme en pluie; le temps devient plus doux.
	Descendant rapidement....	Beau ciel.........	Coup de vent du S., parfois accompagné d'orage.
		Ciel couvert......	Le vent passe subitement au S.; le ciel s'éclaircit; l'atmosphère se sèche, pour ne reprendre son humidité que plusieurs jours après.
S.-E.	Montant.....	....	Trouble du ciel; ondée passagère.
	Descendant...	....	Les nuages s'épaississent; d'ordinaire, le temps ne tarde pas à devenir pluvieux 2.
S.	Montant.....	....	Beau temps, mais rarement durable.
	Descendant...	Beau ciel.........	Des nuages se montrent et le temps change. Obs. mat. : pl. lendemain (à 10 h.) en mai.
		Ciel nuageux......	Les nuages s'épaississent et finissent par donner de la pluie.
		Après vent variable.	Temps lourd et pluvieux.
	Descendant rapidement....	.... :	Coup de vent, surtout en hiver, et principalement quand le thermomètre est très haut.

1. La neige vient même en avril après une période froide d'une semaine. Observation du matin : neige la journée.

2. Si le baromètre descend lentement, l'observation ayant lieu le matin, la pluie arrive le lendemain. Si le baromètre descend rapidement la pluie arrive le soir même, au coucher du soleil, au mois de mai.

Vent régnant.	SYMPTOMES.		EFFETS A PRÉVOIR.
	BAROMÈTRE.	ÉTAT DU CIEL.	
S.-O.	Montant très vite.........	....	Le vent tourne en peu de temps du S. O. au N.-E. Cette circonstance se présente surtout au printemps : il en résulte alors un froid prolongé.
	Montant.....	Temps variable et incertain.........	Pluie presque immanquable.
		Pluie fine, nuages bas..............	Le vent passe à l'O. ; les nuages s'épaississent. Pluie forte refroidissement de l'air.
		Vent très violent...	Du moment où le baromètre, qui descendait auparavant, se met à remonter, le vent passe en peu d'heures au N. O., toujours très fort, puis au N.-E. avec refroidissement.
	Montant lentement, après avoir beaucoup baissé..	....	Le vent passe de l'O. au N.-O. où il se fixe. — On peut en conclure la prédominance des vents occidentaux pendant une longue période de temps.
	Descendant...	Temps chaud après des pluies d'O.....	Rétablissement prochain de la rotation du vent accompagné de pluie.
	Descendant longtemps et très bas.....	....	Pluies persistantes.
O.	Montant rapidement......	....	Vents du N. peu durables. — Le vent reviendra ensuite au S.-O. et le baromètre, mais sans revenir aussi bas qu'auparavant.
	Montant.....	Avec baisse thermométrique.........	Pluie presque certaine.
		Sans baisse thermométrique immédiate...........	Le vent d'E. ou de N.-E. s'élève ; le ciel

Vent régnant.	SYMPTOMES.		EFFETS A PRÉVOIR.
	BAROMÈTRE.	ÉTAT DU CIEL.	
O.	Montant.....	Pluie	se charge; pluie, neige ou brouillard, — Mais le temps redevient serein si le vent d'E. continue. C'est dans ce dernier cas que le refroidissement se fait sentir. Le thermomètre baisse et le vent passe au N.-O. Pluie persiste; en hiver : neige.
		Neige.............	Froid. — Si le vent N.-O. amène de nouvelle neige, le froid éprouvera une recrudescence marquée et sera rigoureux.
	Montant lent.	....	Constance des vents du N.
	Oscillant......	....	Variabilité du temps.
	Descendant...	....	Le temps se réchauffe; bien rarement de la pluie immédiate; mais de la pluie presque infaillible au moment de la rotation du vent.
	Desc. très bas.	Pluies abondantes..	Tempête du S.-O.
N.-O.	Montant	Temps incertain ou beau............	Ciel clair, temps froid.
		Pluie ou neige.....	Le vent passe au N. et au N.-E.; les ondées alternent avec le soleil; le ciel est bleu dans les éclaircies.
		Neige, après d'autres neiges de l'O......	Nouveau froid qui sera rigoureux.
		Vent très fort à la fin d'une tempête; thermomètre descendant rapidement	Refroidissement : le vent passe au N.-E.
	Descendant...	....	Intervalle plus doux et sans pluie, jusqu'à ce que le baromètre remonte et que le vent reprenne sa rotation. A ce dernier moment la pluie tombe.

Ce tableau est excellent pour la Belgique, l'Angleterre et la France septentrionale. Il est bon encore pour la France méridionale, mais alors il est incomplet. S'il est vrai que les grandes perturbations atmosphériques se font ressentir jusque dans cette contrée, il est vrai aussi que celle-ci est exposée aux dépressions parasites et aux dépressions de la Méditerranée qui se font rarement sentir à Paris et à Bruxelles. Il y avait donc quelques additions à faire : c'est M. Plumandon[1] qui s'en est chargé. Et c'est d'après les indications de son livre que nous avons construit le tableau annexé ci-contre.

TABLEAU XXV. — *Tableau de Plumandon.*

Vent régnant.	SYMPTOMES.		EFFETS A PRÉVOIR.
	BAROMÈTRE.	ÉTAT DU CIEL.	
N.-E.	Légère baisse.	Beau ou nuageux..	Nuageux. — Le baromètre va bientôt remonter ; à ce moment : ondées dans les montagnes et brouillard dans les plaines.
E. et S.-E.	Baisse modé-rée.........	Température s'élève, vent tendant au N.-E............	Beau temps continue jusqu'à ce que le vent ait atteint le N.-O. A ce moment : pluie.
		Beau ; vent tendant au S...........	Température s'élève. — Orages en été, pluie en hiver.
S. et S.-E.	Baisse rapide jusqu'à 755 ou 735........	....	Vent fort ; température s'élève, ciel se couvre ; vent tourne au S.-O. avec pluie.
	Baisse brusq..	....	Tempête du S.-O. ou de l'O.

1. Plumandon, *le Baromètre appliqué à la prévision du temps dans la France centrale,* Paris, 1888, in-12.

Vent régnant.	SYMPTOMES.		EFFETS A PRÉVOIR.
	BAROMÈTRE.	ÉTAT DU CIEL.	
S.-O.	Baisse rapide jusqu'à 745 ou 750......	Température s'élève.	Chaleur augmente, le ciel se couvre. Le vent tourne au S. ; puis le baromètre remontant, la pluie tombe et le vent revient à l'O. et au S.-O. avec force.
O.	Baisse lente sans descendre au-dessous de 760......	....	Ciel nuageux, température douce et uniforme.
	Baisse notable.	Température s'abaisse...........	Vent passe au N.-O : averses en été, giboulées au printemps, neige en hiver.
N.-O.	Monte.......	Pluie au commencement du vent régnant...........	Ondées, la température s'élève, le temps s'éclaircit.
		Beau, température s'élève...........	Temps froid, ciel clair, mais de peu de durée.
	Immobile......	Nuages supérieurs de direction W....	Vent saute N., la température s'abaisse, averses.

8. *Système de Gasparin.* — Gasparin[1] se fonde sur la marche des minima thermométriques :

« Quand le vent part de la région chaude et humide, la baisse des minima de température est un signe presque assuré de pluie, le jour même ou le jour suivant ; l'air est alors saturé, mais clair ; il y a chute de rosée ou de brouillard le matin.

1. Gasparin, *Cours d'agriculture,* Paris, 1864, in-8°.

« 2° Si le minimum monte avec des vents froids et secs, ils sont près de leur fin, et il peut y avoir de la pluie immédiate par l'entrée des vents du S. sans abaissement du minimum thermométrique.

« 3° La fixité des minima annonce la continuité des mêmes temps.

« 4° Les minima haussant graduellement annoncent que l'air devient de moins en moins transparent, qu'il se sature peu à peu et marche vers la pluie. »

9. *Deuxième système de Gasparin.* — L'observation barométrique de 9 heures du matin est en général plus élevée que celle de 3 heures du soir : c'est ce qu'on appelle la marée atmosphérique. Gasparin a fait les remarques suivantes sur cette marée :

1° Les fortes marées accompagnées de rosée annoncent une pluie prochaine.

2° Le renversement des marées suivies d'une baisse barométrique annonce de la pluie.

3° L'absence de marée indique encore la pluie.

4° Le rétablissement des marées par un temps pluvieux annonce la fin de la pluie et le beau temps pour le jour suivant.

10. *Système Rouger.* — M. Rouger[1] fait une lecture du baromètre une heure avant le lever du soleil et une deuxième lecture au moment de commencer ses travaux.

1° Si le baromètre a haussé, c'est du beau temps pour toute la journée.

2° Si le baromètre a baissé, c'est de la pluie, du vent ou de l'orage selon la saison[2].

Ce système ne me paraît applicable que pour les localités abritées des vents du N.-E., de l'E. et du S.-E., comme il en existe d'ailleurs au S. du plateau central.

Conclusion. — Tels sont les principaux moyens qui sont

1. Rouger, *Journal d'agriculture pratique,* t. II, 1881, p. 164.

2. Il faudrait dire plutôt : « selon le vent. »

à notre disposition et qui nous permettent de prédire le temps un ou deux jours à l'avance. Sans doute il y a encore beaucoup à faire sur ce terrain ; mais les résultats sont déjà très suffisants par eux-mêmes. Nous ne saurions trop recommander à nos lecteurs d'étudier, de mettre à l'épreuve ces divers systèmes, de les vérifier pour leur localité. Ils feront même certaines remarques nouvelles qui viendront confirmer les lois générales.

B. — *Prévision à longue échéance.*

Exposé. — La prévision du temps à longue échéance est encore à faire, à créer entièrement. Nous avons vu une foule de prétendus météorologistes — et aussi de prétendus sorciers — essayer des systèmes qu'ils préconisaient, mais qui n'ont jamais résisté à une critique sérieuse. Toutes les tentatives sur ce terrain ont donc toujours échoué.

Aussi, nous autres qui ne craignons pas d'avouer notre ignorance, nous nous bornerons à exposer les remarques de quelques météorologistes ou de quelques agriculteurs qui les ont puisées dans une longue pratique.

Prédiction des saisons. — 1° Quand le mois de février est au-dessous de — 7°, l'été n'atteindra pas sa moyenne et août sera froid (Renou).

2° Quand l'hiver est plus chaud de 1° sur la moyenne, l'été suivant est plus chaud et l'excès porte sur juin et juillet (Renou).

3° Lorsqu'il n'y a pas de tempête vers l'équinoxe de printemps, l'été suivant est sec 1 fois sur 6. (Kirwan) [1].

4° Lorsqu'une tempête arrive par un vent de la bande E. vers les 19, 20 et 21 mars, l'été suivant est sec 4 fois sur 5 (Kirwan).

---

1. Kirwan, *Transactions d'Irlande*, t. I, cité par Gasparin, *Cours d'agriculture.*

5° Quand il y a eu des tempêtes vers les 25, 26 et 27 mars, l'été suivant est sec 4 fois sur 5 (Kirwan).

6° Quand il y a eu des tempêtes du S.-O. ou de l'O., les 19, 20, 21, 22 mars, l'été suivant est humide 5 fois sur 6 (Kirwan).

Ces remarques de Kirwan ne s'appliquent qu'à la région N.-O. de la France tout au plus.

7° Un automne beau annonce un printemps pluvieux ; pluvieux, il annonce un printemps sec (Dictons populaires).

8° Un hiver rigoureux annonce un printemps pluvieux ; doux, il annonce un printemps sec ; pluvieux, il annonce un bel été ; beau, il annonce un été pluvieux (Dictons populaires).

9° Un été sec, orageux, annonce un hiver rigoureux ; pluvieux, il annonce un bel automne ; chaud, il annonce un automne orageux. (Dictons populaires.)

Phénomènes périodiques. — Selon MM. Houzeau et Lancaster [1], chaque année se produisent quelques phénomènes qui reviennent toujours à époque fixe. Les principaux sont les suivants : fin janvier (réchauffement), 11 février (refroidissement), 10-13 avril (refroidissement), fin mai (refroidissement), fin juin (refroidissement), 11-20 août (réchauffement), fin novembre (réchauffement).

Prévision des mois, des lunaisons et des périodes. — 1° Si le sixième jour de la lune est semblable au cinquième, le temps restera semblable pendant toute la durée de la lune 11 fois sur 12. (Règle du maréchal Bugeaud.)

2° Si le sixième jour de la lune ressemble au quatrième, le temps restera semblable pendant toute la durée de la lune. (2ᵉ règle du maréchal Bugeaud.)

---

1. Houzeau et Lancaster, *Traité élémentaire de météorologie*, Paris, 1880, in-8, p. 39.

3º La lunaison est la même que celle du premier mardi de la lune. (Dicton.)

4º Lorsque la lune est vieille de 4 jours et que le vent d'O. vient à souffler, il y aura du mauvais temps pendant toute cette lunaison. (Da.)

5º Lorsque le vent est S. et que la lune n'est visible que la quatrième nuit, cela annonce beaucoup de pluie pour le mois. (*Maison rustique.*)

6º Lorsque les cornes de la lune sont pointues le quatrième jour, c'est du beau temps jusqu'à la pleine lune. (*Maison rustique.*)

7º Si la lune étant nouvelle et à son lever, sa corne supépérieure paraît noirâtre, on aura de la pluie au decours ; si c'est la corne inférieure, il pleuvra avant la pleine lune ; si la noirceur se rencontre au milieu du croissant, il pleuvra dans la pleine lune [1]. (*Maison rustique.*)

C. *Prévision des gelées nocturnes.*

Les gelées nocturnes au printemps font chaque année des dégâts incalculables : au point de vue agricole, il importe donc de les prévoir à l'avance. Nous allons exposer ici les principales méthodes.

Dates critiques. — Les dictons populaires nous fournissent encore quelques utiles enseignements que des recherches thermométriques sont venues confirmer. Les dates critiques sont : du 23 au 25 avril, du 9 au 13 mai ; à partir du 25 mai, il n'y a plus rien à craindre.

Système Millet. — Dans une communication que M. Millet fit à la Société des agriculteurs de France, il prétendit pronostiquer, dès le mois de mars, les gelées du mois de mai. Il se basait encore sur un dicton populaire suivant lequel

---

1. Nous ne garantissons nullement ces 5 derniers pronostics.

les brouillards de mars sont suivis de gelées aux dates correspondantes en mai.

Quelquefois, dans certaines localités, ces gelées arrivent un jour avant ou un jour après ; il faut avoir soin d'en tenir compte. Il ne faut pas non plus prendre pour brouillards des brumes ou des vapeurs qui se produisent dans les vallées ou à proximité des cours d'eau.

Système barométrique. — Le meilleur mode de pronostiquer les gelées nocturnes est celui que fournit le baromètre. Malheureusement il y a si peu de personnes qui soient bien familiarisées avec cet instrument ?

Voici les instructions de M. Plumandon[1] à cet égard :

« Les gelées nocturnes sont à craindre :

« 1° Lorsqu'une dépression a passé sur l'Angleterre en « étendant son action jusqu'en France ; qu'elle s'éloigne et « qu'elle en précède une autre qui abordera l'Europe par les « côtes d'Espagne, de France ou d'Angleterre ;

« 2° Lorsqu'une dépression atmosphérique existe sur la Méditerranée.

« Dans le premier cas, la baisse du baromètre, la marche des nuages du S.-O. au N.-E. ou de l'O. vers l'E. permettent de constater l'existence d'un centre de dépression dans les parages de l'Angleterre. La hausse qui se produit ensuite, la tendance des nuages à changer de direction et à chasser du N-.O au S.-E., indiquent que la dépression s'éloigne. C'est le moment critique qui dure tant que la nouvelle dépression n'a pas envahi nos contrées, c'est-à-dire, un ou plusieurs jours. En effet, pendant que cette dépression s'approche, elle a pour résultat de faire tomber les vents, d'épurer le ciel et, par suite, de faciliter le refroidissement de la surface terrestre par le rayonnement. Si un tel état de l'at-

1. Plumandon, *le Baromètre appliqué à la prévision du temps,* Paris, 1883, in-12, p. 58 et suiv.

mosphère survient le matin, et qu'il ne dure qu'une journée, il n'y a pas de gelée, parce que la présence du soleil suffit pour compenser, et au delà, le rayonnement terrestre. — Mais cette situation peut survenir le soir; alors il y a gelée la nuit suivante. — Bien plus, elle peut quelquefois durer deux ou trois jours, et il y a, chaque nuit, des gelées qui vont en augmentant d'intensité jusqu'à ce que la situation atmosphérique ait changé. La plus forte gelée précède immédiatement le changement de temps.

« Dans le second cas, la formation d'une dépression sur la Méditerranée est indiquée nettement par les phénomènes que nous avons exposés dans un des chapitres précédents, et sur lesquels il est inutile de revenir. — Nous ajouterons seulement qu'au début de ces tourbillons, le ciel est généralement couvert ou très nuageux, que la température est peu élevée, mais qu'il ne gèle pas. — Ce n'est qu'après leur complet développement, alors qu'ils s'éloignent, en se comblant vers la Méditerranée orientale ou les côtes d'Afrique, que le ciel s'éclaircit et qu'ils occasionnent des gelées.

« Ces gelées se produisent quelquefois pendant cinq ou six nuits consécutives, tant qu'une perturbation profonde, venant ordinairement de l'Atlantique, n'a pas modifié l'état général de l'atmosphère. »

Une dépression est située sur la Méditerranée lorsque le vent s'est apaisé après avoir dépassé l'ouest, que l'on voit les nuages inférieurs chasser rapidement du N.-O. ou du N. pendant que les nuages supérieurs continuent à marcher de l'O. à l'E. et que le baromètre a subi un temps d'arrêt dans son mouvement de hausse. Les vents sautent alors à la région N.; c'est le moment critique.

APPENDICE.

APPENDICE.

TABLEAU V. — *Éléments météoriques pendant la germination du blé.*

Dates des semis.	Durée moyenne de la germination.	Dates moyennes de la germination.	Jours de gelée pendant la germination.	Températures les plus basses observées pendant la germination sous l'abri.	Pluie des semaines à la fin desquelles ont eu lieu les semailles.
22 septembre.	7 jours.	29 septembre.	»	»	$7^{mm},0$
29 »	7	6 octobre.	»	»	10,8
6 octobre.	8	14 »	»	»	10,4
13 »	8	21 »	0,6 jours.	— $0°,3$	11,0
20 »	11	31 »	1,3	— 0,9	12,8
27 »	20	16 novembre.	4,9	— 3,2	20,5
3 novembre.	20	23 »	5,5	— 4,0	6,5
10 »	33	13 décembre.	14,7	— 4,9	12,3
17 »	36	23 »	18,0	— 8,4	13,1
24 »	37	31 »	17,7	— 8,5	12,2
1er décembre.	42	12 janvier.	19,6	— 9,0	13,3
8 »	41	18 »	18,8	— 9,1	12,2
15 »	35	19 »	15,6	— 6,2	9,0
22 »	38	29 »	17,4	— 7,3	7,9
29 »	34	1er février.	14,9	— 6,7	10,6
Moyennes.	25				11,3

D'après Marié-Davy, *Annuaire de l'Observatoire météorologique de Montsouris,* pour 1883, in-12, pages 250, 251, 252, 253.

TABLEAU VI *bis*. — *Températures de végétation.*

(*Températures au-dessous desquelles la végétation s'arrête*).

Espèce	Temp.	Obs.
Pâquerette (*Bellis perennis*)	0°	
Moutarde blanche (*Sinapis alba*)	0	D.
Pomme de terre (*Solanum tuberosum*)	1	
Cornichon (*Cucumis sativus*)	1	
Caragana frutescens	1	D. C.
Cresson alénois (*Lepidium sativum*)	1,8	D.
Lin cultivé (*Linum usitatissimum*)	1,8	D.
Hutchinsia petraea	2	D. C.
Sorbier des oiseaux (*Sorbus aucuparia*)	3	D. C.
Bouleaux (*Betula alba, B. nana, B. pubescens*)	3	D. C.
Radis (*Raphanus rotondus*)	4	
Trèfle (*Trifolium*)	4	
Saxifrage à feuilles opposées (*Saxifraga oppositifolia*)	4,5	D. C.
Ancolie commune (*Aquilegia vulgaris*)	5	D. C.
Fusain (*Evonymus europ.*)	5	D. C.
Hêtre (*Fagus sylvatica*)	5	D. C.
Frêne commun (*Fraxinus excelsior*)	5	D. C.
Orge (*Hordeum*)	5	P. C. P.
Blé (*Triticum vulgare*)	5	P.
Collomia coccinea	5	D.
Nigelle de Crète (*Nigella sativa*)	5,7	D.
Ibéride amère (*Iberis amara*)	5,7	D.
Trèfle rampant (*Trifolium repens*)	5,7	D.
Alysson à calice persistant (*Alyssum calycinum*)	6	D. C.
Radiola linoides	6	D. C.
Œillet des chartreux (*Dianthus carthusianorum*)	6	D. C.
Sapin pectiné (*Abies pectinata*)	6	D. C.
Néflier cotonneux (*Cotoneaster vulgaris*)	6	D. C.
Sapin (*Abies excelsa*)	6	D. C.
Pois (*Pisum sativum*)	6,7	K.
Vaccaire commune (*Saponaria vaccaria*)	7	D. C.
Sedum cepea	7	D. C.
Malva moschata	7	D. C.
Houx commun (*Ilex aquifolium*)	7	D. C.
Bourdaine (*Rhamnus frangula*)	7	D. C.
Lupinus albus	7,5	K.
Blé (*Triticum vulgare*)	7,5	K.
Figuier (*Ficus communis*)	8	
Peganum harmala	8	D. C.
Dentaria bulbifera	8	D. C.
Maïs (*Zea maïs*)	9	D.
Navet (*Brassica napus*)	9	G.
Mesembryanthemum nodiflorum	9,5	D. C.
Haricot d'Espagne (*Phaseolus multiflorus*)	9,5	P.
Maïs (*Zea maïs*)	9,5	P.
Maïs (*Zea maïs*)	9,6	K.
Mûrier (*Morus alba*)	9,8	G. (1).
Coronille des jardins (*Coronilla emerus*)	10	D. C.
Vigne (*Vitis vinifera*)	10	
Succowia balearia	11	D. C.
Campanule (*Campanula erinus*)	12	D. C.
Maïs (*Zea maïs*)	13	D. C.
Sesamum orientale	13	D.
Olivier (*Olea europœa*)	13,5	
Citrouille (*Cucurbita citrullus*)	13,5	G.
Mûrier (*Morus alba*)	13,5	G. (2).
Giraumon (*Cucurbita pepo*)	13,7	P.
Dattier (*Phœnix dactylifera*)	14	

Melon (*Cucumis melo*)....	14	G.	Caféier (*Cofea arabica*)..	18	
Atractyle à réseau (*Atractylis cancellata*).......	15	D. C.	Dattier (*Phœnix dactylifera*)..................	18	D. C.
Dattier (*Phœnix dactylifera*).................	15,3	D. C.	Palmier nain (*Chamœrops humilis*)..............	19	D. C.
Sésame (*Sesamum orientale*),...............	16		Canne à sucre (*Saccharum officinarum*)...........	20	
Oranger (*Citrus aurantium*).................	17	G.	Bananier (*Musa violacea-peria*)..............	24	

D. : Decandolle, *Bibliothèque universelle et revue suisse pour* 1866. Nombres trouvés dans la botanique de Sachs (Traduction de Van-Tieghem).

D. C. : Decandolle, *Géographie botanique raisonnée*, Paris, 1852, in-8°.

P. : Pfitzer, cité par Sachs (*Traité de Botanique*, p. 858).

K. : Koppen, *Wärme und Pflanzenwachsthum*, Moscou, 1870 ; cité par Sachs (*Traité de Botanique*, p. 858).

G. : Gasparin, *Cours d'agriculture*, Paris, 1864, in-8°, t. IV, p. 118, 163, etc.

Par température ascendante.

Par température descendante.

TABLEAU VI *ter*. — *Limites supérieures de températures.*

Giraumon (*Cucurbita pepo*)...................	46,2	P.	Cresson alénois (*Lepidium sativum*)..............	37,2	H.
Haricot d'Espagne (*Phaseolus multiflorus*).....	46,2	P.	Lin cultivé (*Linum usitatissimum*)..............	37,2	H.
Maïs (*Zea maïs*).........	46,2	P.	Maïs (*Zea maïs*).........	35	D.
Sasamum orientale......	45	D.	Moutarde blanche (*Sinapis alba*)................	28	D.
Blé (*Triticum vulgare*)...	42,5	P.	Cresson alénois (*Lepidium sativum*)..............	28	D.
Haricot (*Phaseolus vulgaris*).................	42,5	H.	Lin cultivé (*Linum usitatissimum*).............	28	D.
Helianthe annuel (*Helianthus annuus*).........	42,5	H.	*Collomia coccinea*	28	D.
Navet (*Brassica napus*)..	42,5	H.	Nigelle de Crète (*Nigella sativa*)...............	28	D.
Chanvre (*Canabis sativa*).	42,5	H.	Trèfle rampant (*Trifolium repens*)...............	28	D.
Orge (*Hordeum vulgare*).	37,7	P.			
Moutarde blanche (*Sinapis alba*)................	37,2	H.			

P. : Piftzer, cité par Sachs (*Traité de Botanique*, p. 858).

D. : Decandolle, *Bibliothèque universelle et revue suisse pour* 1866 ; cité par Sachs (*Traité de Botanique*).

H. : Hugo de Vries, cité par Sachs (*Traité de Botanique*, p. 858).

Nous n'avons pas mis ce tableau dans le corps de l'ouvrage à cause du peu de certitude qu'offrent ses chiffres.

TABLEAU VII *bis*. — *Températures de feuillaison.*

LOCALITÉS.	*Prunus padus.*	Lilas commun. (*Syringa vugaris*).	Peuplier tremble. (*Populus tremula*).	Latitudes sept^les.
Laponie nord............	10°,8	»	13°,0	67°
Vesterbotten.............	8,6	10°,7	11,4	65
Angermanland...........	7,9	10,4	11,0	63
Gèfle...................	7,5	8,4	10,6	61
Upsala	9,0	9,9	11,9	60
Varmland	9,0	9,9	12,0	60
Ostergotland............	8,9	9,2	12,0	59
Jonkoping..............	9,7	9,9	11,4	57
Scanie	8,6	9,9	12,8	56

Ch. Flahault, *Ann. du Bureau central. Orages et mémoires divers,* 1879, in-pl., B. 48.

TABLEAU VII *ter*. — *Températures d'effeuillaison.*

LOCALITÉS.	*Prunus padus.*	Lilas commun. (*Syringa vulgaris*).	Peuplier tremble. (*Populus tremula*).	Latitudes sept^les.
Laponie nord............		6°,7	»	67°
Vesterbotten.............		8,0	3°,7	65
Angermanland...........		7,1	4,0	63
Gèfle...................		7,6	5,0	61
Upsala		5,6	4,4	60
Varmland		8,6	5,6	60
Ostergotland............		8,5	»	59
Jonkoping..............		8,6	6,5	57
Scanie		8,6	7,7	56

Ch. Flahault. *Ann. du Bureau central météorologique de France. Orages et mémoires divers,* 1879, in-pl., B. 48.

TABLEAU VIII *bis*. — *Températures de floraison*.

Noisetier (*Corylus avellana*)...............	3°	G.	Marronnier d'Inde (*Œsculus hippocastanum*).....	12°	G.
Cyprès (*Cupressus sempervirens*)...............	3°	G.	Aubépine (*Cratægus oxyacantha*)..............	12,5	G.
Ajonc (*Ulex europæus*)....	4	G.	Seigle (*Secale cereale*)....	13	H. L.
Buis(*Buxus sempervirens*).	4	G.	Sainfoin (*Onobr. sativa*)..	13	H. L.
Crocus printanier........	4	H. L.	Sainfoin (*O. sativa*).....	12,7	G.
Peuplier blanc (*Pop. alba*).	4	G.	Trèfle (*Trifolium*).......	14	H. L.
Saule marceau (*Salix caprea*)................	5	G.	Avoine (*Avena vulgaris*).	14	H. L.
			Orge (*Hordeum vulgare*)..	14	H. L.
Chèvrefeuille (*Lonicera caprifolium*)..........	5	G.	Froment (*Triticum satirum*)................	14	H. L.
Pêcher (*Amygd. persica*).	5,4	G.	Digitale pourprée (*Digitalis purpurea*)..........	14	H. L.
Pêcher (*Amygd. persica*) .	6	H. L.			
Violette (*Viola odorata*)..	6	H. L.	Acacia (*Acacia occident.*).	14	G.
Amandier(*Am.communis*).	6	G.	Seigle (*Secale cereale*)....	14,2	G.
Abricotier (*Armeniaca vulgaris*)	6	G.	Paliure (*Rhamn. paliur.*).	15	G.
			Vigne (*Vitis vinifera*)....	15	H. L.
Orme (*Ulmus campestris*).	7,5	G.	Dattier (*Phœnix dactyl.*) .	15	Dec.
Poirier (*Pyrus communis*).	8	G. H. L.	Avoine (*Avena vulgaris*).	16	G.
Pommier (*Pyrus malus*)..	8	G. H. L.	Noyer tardif (*Juglans communis*)................	16	Ga.
Cerisier (*Cerasus avium*).	8	G. H. L.			
Colza (*Brassica campestris oleifera*).............	8	G. H. L.	Froment (*Triticum satirum*)	16,3	G.
Lilas (*Syringa vulgaris*)..	9,	G.	Orge (*Hordeum vulgare*).	16,3	G.
Fraisier (*Fragaria*)......	9,5	G.	Vigne (*Vitis vinifera*) premières fleurs..........	16,6	G.
Pissenlit dent de lion (*Taraxacum dens leonis*)...	10	H. L.	Châtaignier (*Œsculus hippocastanum*)	17,5	G.
Genêt à balai(*Genista scoparia*)	10	G.	Bruyère (*Erica vulgaris*).	18	H. L.
Lilas (*Syringa vulgaris*)..	11	H. L.	Vigne (*Vitis vinifera*) pleines fleurs.............	18,2	G.
Fève (*Faba major*)......	11	H. L.			
Fève (*Faba major*)......	11,5	G.	Chanvre (*Cannabis sativa*).	19	G. H. L.
Épine blanche (*Berberis alba*)................	12	H. L.	Maïs (*Zea maïs*)........	19	G.
			Olivier (*Olea europæa*)...	19	G.
Noyer commun (*Juglans communis*)...........	12	Ga.	Vigne(*Vitis vinifera*) passé fleurs	19	G.

G. : Gasparin, *Cours d'agriculture*, Paris, 1864, in-8°, t. II. p. 100.

H. L. : Houzeau et Lancaster, *Traité élémentaire de météorologie*, Paris, 1880, in-8°, p. 74 et 75.

Ga. : Gasparin, *Cours d'agriculture*, Paris, 1864, in-8°, t. IV, p. 755.

TABLEAU VIII *ter.* — *Températures de floraison.*

LOCALITÉS.	Lat. N.	Noisetier (*Corylus avellana*).	*Tussilago barbara.*	Prime-vére offi-cinale. *Primula officinal.*	*Prunus padus.*	Seigle d'hiver. (*Secale cereale hybern.*).	(*Calluna vulgar.*).
Laponie nord......	67	»	»	»	12,5	»	11,0
Vesterbotten.......	65	»	»	»	12,5	14,7	14,0
Angermanland.....	63	»	3,7	»	11,2	13,9	13,6
Gêfle............	61	2,8	5,0	7,4	11,1	13,0	14,3
Upsala..........	60	4,2	2,9	7,0	11,7	13,0	14,7
Varmland	60	4,0	4,1	9,4	11,6	13,5	15,1
Ostergotland.......	59	4,2	3,9	7,6	11,4	12,0	16,0
Jonkoping........	57	4,0	5,2	9,0	11,8	12,8	15,0
Scanie...........	56	2,0	4,1	8,9	11,1	12,4	17,0

Ch. Flahault, *Annales du Bureau central météorologie de France. Orages et mémoires divers*, 1879, in-pl., B. 48.

TABLEAU IX *bis.* — *Sommes de floraison.*

VÉGÉTAUX.	Sommes.	Contrées.	Commencement de l'observation.	Citateurs.
1° VÉGÉTAUX DIVERS.				
Betterave (*Beta*).......	5017°	Provence.		Gasparin.
Blé (*Triticum sativum*)..	1496	Paris.	Semis.	Marié-Davy.
Blé (Variété d'Avignon).	1381	Avignon.	1ᵉʳ février.	Gasparin.
Blé (*Blé bleu*)..........	1264	Paris.	1ᵉʳ février.	Boussingault.
Lin de printemps (*Linum usitatissimum*)........	1205	Provence.	Semis.	Gasparin.
Blé (*Triticum sativum*) .	813	Provence.	Reprise de la végétation.	Gasparin.
Lin cultivé (*Linum usitatissimum*)..........	819	Genève.	Semis.	Decandolle 1.
Nigelle de Crète (*Nigella sativa*)..............	1133	Genève.	Semis.	»
Cresson alénois (*Lepidium sat.*) {ombre. {soleil..	798 819	Genève.	»	»
Ibéride (*Iberis amara*) {ombre. {soleil..	827 954	Genève.	»	»
Ibéride en ombel-le (*Iberis umb.*). {ombre. {soleil..	1234 1296	Genève.	»	»

TABLEAU IX *bis* (suite). — *Sommes de floraison.*

2° VÉGÉTAUX DES PRAIRIES 2.

VÉGÉTAUX.	SOMMES.	VÉGÉTAUX.	SOMMES.
Maïs (*Zea maïs*)............	3 3015°	Fétuque géante (*Festuca gigantea*)...............	1990
Orge des prés (*Hordeum pratense*)..................	2098	Brome inerme (*Bromus inermis*)..................	2186
Orge des souris (*Hordeum murinum*)..............	2160	Brome dressé (*Bromus erectus*)..................	1252
Orge bulbeuse (*Hordeum bulbosum*)..................	2130	Brome rude (*Bromus asper*).	2552
Orge vulgaire d'hiver (*Hordeum vulgare*)...........	1250	Brome stérile (*Brom. sterilis*).	1053
Seigle cultivé (*Secale cereale*).	1260	Brome des toits (*Bromus tectorum*)................	1070
Froment cultivé (*Triticum sativum*)...............	1413	Brome des champs (*Bromus arvensis*)...............	2550
Froment des bois (*Triticum sylvaticum*).............	1899	Brome seiglin (*Bromus secalinus*)...............	1766
Froment pinné (*Triticum pinnatum*)...............	(?)	Brome mou (*Bromus mollis*).	(?)
Ivraie Rieffel (*Lolium rieffelianum*)...............	1646	Enodie bleue (*Enodium cæruleum*)................	2780
Ivraie d'Italie (*Lolium italicum*)..................	1630	Brize moyenne (*Briza media*).	1516
Ivraie vivace (*Lolium perenne*).................	1632	Glycérie aquatique (*Glyceria aquatica*)...............	2098
Cynosure crételle (*Cynosorus cristatus*)...............	1766	Glycérie flottante (*Glyceria fluctans*)...............	2098
Fétuque des brebis (*Festuca ovina*)...............	1516	Glycérie distante (*Glyceria distans*)...............	1988
Fétuque durette (*Festuca duriuscula*)...............	1632	Glycérie maritime (*Glyceria maritima*)...............	1988
Fétuque rouge (*Festuca rubra*).................	1314	Dactyle pelotonné (*Dactylis glomerata*)...............	1516
Fétuque hétérophylle (*Festuca heterophylla*)........	1340	Paturin annuel (*Poa annua*).	(?)
Fétuque fausse ivraie (*Festuca loliacea*)...............	1632	Paturin des Alpes (*Poa alpina*)...................	1440
Fétuque des prés (*Festuca pratensis*)...............	1899	Paturin des bois (*Poa nemoralis*)................	1593
Fétuque roseau (*Festuca arundinacea*)............	1852	Paturin fertile (*Poa fertilis*).	1444
		Paturin commun (*Poa trivialis*)................	1204
		Paturin des prés (*Poa pratensis*).................	1053

VÉGÉTAUX.	SOMMES.	VÉGÉTAUX.	SOMMES.
Calabrose aquatique (*Calabrosa aquatica*)	1242	Flouve odorante (*Anthoxanthum odoratum*)	474
Roseau à balais (*Arundo phragmites*)	3020	Agrostide du Mexique (*Agrostis mexicana*)	2550
Kœlerie crêtée (*Kœlaria cristata*)	1699	Agrostide vulgaire (*Agrostis vulgaris*)	2274
Leslerie bleue (*Lesleria cærulea*)	410	Agrostide blanche (*Agrostis alba*)	2274
Avoine cultivée (*Avena sativa*)	1430	Agrostide des chiens (*Agrostis canina*)	2274
Avoine courte (*Avena brevis*)	1420	Millet épars (*Millium effusum*)	940
Avoine des prés (*Avena pratensis*)	1204	Asprelle faux riz (*Asprella orizoïdes*)	3040
Avoine pubescente (*Avena pubescens*)	1204	Alpiste roseau (*Phalaris arundinacea*)	1988
Avoine jaunâtre (*Avena flavescens*)	2186	Fléole des prés (*Phleum pratense*)	1988
Canche cespiteuse (*Aira cæspitosa*)	2186	Vulpin des prés (*Alopecurus pratensis*)	825
Canche flexueuse (*Aira flexuosa*)	1766	Vulpin genouillé (*Alopecurus geniculatus*)	750
Arrhénathère fausse avoine (*Arrhenathere arenaceum*)	1516	Sétaire d'Italie (*Setaria italica*)	1900
Houlque molle (*Holcus mollis*)	2186	Panis millet (*Panicum miliaceum*)	1360
Houlque laineuse (*Holcus lanatus*)	1944	Sorgho vulgaire (*Sorghum vulgare*)	2950
Hierochloe boréale (*Hierochloë borealis*)	474	Sorgho sucré (*Sorghum saccharatum*)	2978

1. Decandolle, *Géographie botanique raisonnée*, t. I, Paris, 1852, in-8°, p. 25.

2. Tableau tiré du livre de M. Demoor, *les Prairies*, Bruxelles, 1869, in-8°. — Nous avons conservé l'ordre de l'auteur plutôt que de classer les plantes par ordre numérique. Ces sommes thermiques se comptent depuis les semis probablement.

3. Cette somme thermique n'a été faite que depuis le moment où la moyenne thermique a dépassé 8°.

Tableau IX *ter.* — *Produits météoriques pendant la floraison du blé.*

Dates des semis.	Nombre moyen des jours écoulés des semis à la floraison.	Dates moyennes de la floraison.	Température la plus basse de la semaine au milieu de laquelle a lieu la floraison.	Haut. moyenne de pluie tombée dans la quinzaine au milieu de laquelle a lieu la floraison.
22 septembre.	236 jours.	16 mai.	4°5	16^{mm}6
29 »	236	23 mai	6,3	19,5
6 octobre.	235	29 mai.	6°5	25,4
13 »	233	3 juin.	7,5	25,4
20 »	231	8 juin.	- 6,8	26,9
27 »	227	12 juin.	6,5	31,3
3 novembre.	223	14 juin.	7,8	39,1
10 »	219	17 juin.	7,9	39,1
17 »	214	19 juin.	9,1	39,8
24 »	209	21 juin.	9,3	39,6
1er décembre.	203	22 juin.	9,7	35,9
8 »	197	23 juin.	10,0	34,3
15 »	191	24 juin.	10,0	36,5
22 »	184	24 juin.	8,9	34,4
29 »	179	26 juin.	8,9	31,1

Marié-Davy, *Annuaire de l'Observatoire météorologique de Montsouris pour* 1883, p. 266, 269 et 270.

Tableau X *bis.* — *Températures de maturité.*

CHALEUR CROISSANTE.					
Orme (*Ulmus campestris*).	12	G.	Noisette (*Corylus avellana*).	18	H. L.
Pois verts (*Pisum sativum*).	14,2	G.	Groseillier commun (*Ribes communis*).	17,8	G.
Cerisier (*Cerasus avium*).	16	G.	Frambroisier (*Rubus Idæus*).	17,8	G.
Fève (*Faba major*).	16	G.	Fraisier (*Fragaria vesca*).	17,8	G.
Pois verts (*Pisum sativ.*).	16	H. L.	Cerisier (*Cerasus avium*).	17,8	G.
Sainfoin (*Onobrychis sativa*).	17	G.	Cerisier griotte (*Cerasus avium suavissima*).	18	G.
Cerisier (*Cerasus avium*).	17	H. L.	Abricotier (*Armeniaca vulgaris*).	18	G.
Fève (*Faba major*).	17	H. L.	Prunier (*Prunus*).	18	G.
Sainfoin (*Onobrychis sativa*).	18	H. L.			

Orge (*Hordeum vulgare*).	18	G.	Melon (*Cucumis melo*)....	22,6	G.
Avoine (*Avena vulgare*)..	18	G.	Chanvre(*Cannabis sativa*).	22,6	G.
Groseiller (*Ribes comm.*).	19	H. L.			
			CHALEUR DÉCROISSANTE.		
Framboisier (*Rubus idæus*)	19	H. L.	Marronnier d'Inde (*Æscul. hippocastanus*)........	18,2	G.
Fraisier (*Fragaria vesca*).	19	H. L.			
Abricotier (*Armeniaca vulgaris*)...............	19	H. L.	Noisetier (*Corylus arellana*).................	18	H. L.
Seigle (*Secale cereale*)....	19	G. H. L.	Maïs (*Zea maïs*).........	17	G.
Prunier (*Prunus*).......	19	H. L.	Pomme de terre (*Solanum tuberosum*)............	17	G.
Orge (*Hordeum vulgare*)..	19	H. L.	Noyer (*Juglans regia*)....	16,2	G.
Pêcher (*Amygdalus persica*)	20	G. H. L.	Châtaignier (*Fagus castanea*)	16,2	G.
Blé (*Triticum sativum*)..	20	G. H. L.			
Avoine (*Avena sativa*)...	20	H. L.	Grenadier (*Punica granatum*).................	15	G.
Figuier (*Ficus carica*)....	21	G.	Safran (*Crocus officinalis*).	13	G.
Prunier (*Prunus*) (Reine Claude)...............	21	G.	Noyer (*Juglans regia*)....	13	H. L.
Chanvre(*Cannabis sativa*).	22	H. L.	Vigne (*Vitis vinifera*)....	13	H. L.
Vigne (*Vitis vinifera*)....	22,6	G.	Olivier (*Olea europæa*)....	10	G.

G. : Gasparin, *Cours d'agriculture*, Paris, 1864, in-8", t. II, p. 101. Les nombres sont des moyennes diurnes.

H. L. : Houzeau et Lancaster, *Traité élémentaire de météorologie*, Paris, 1880, in-8", p. 74 et 75.

TABLEAU X *ter*. — *Températures de maturité*.

LOCALITÉS.	Lat. N.	Fraisier. (*Fragaria vesca*).	Seigle d'hiver. (*Secale cereale hybernum*).	Orge cultivé. (*Hordeum vulgare*).	Noisetier. (*Corylus avellana*).
Laponie nord.......	67°	»	»	»	»
Vesterbotten	65	15,0	11,1	12,0	»
Angermanland	63	14,7	11,7	10,7	»
Gêfle.............	61	15,3	13,5	12,8	»
Upsala	60	15,5	14,8	13,9	10,8
Varmland..........	60	14,8	15,0	»	11,7
Ostergotland.......	59	15,1	16,0	15,0	»
Jonkoping.........	57	14,5	14,8	14,3	13,0
Scanie............	56	15,3	16,4	15,5	»

Ch. Flahault, *Ann. du bureau central météorologique de France*, 1879, in-pl., B. 48.

TABLEAU XI *bis.* — *Sommes de maturité.*

VÉGÉTAUX.		LOCALITÉS.	ALT.	SOMMES.	MODE D'ADDITION.	CITATEURS.
Blé (*Triticum sativum*)	d'automne.	Bechelbronn (Als.)....		2055	........137 × 151 — ombre........	B. [2].
—	d'été......	—		2069	........131 × 15,8 — ombre........	B.
—	d'automne.	Kingston (États-Unis).		2098	........122 × 17,2 — ombre........	B.
—	d'été......	—		2120	........106 × 20 — ombre........	B.
—	d'été......	Cincinnati...........		2151	........137 × 15,7 — ombre........	B.
—	d'été......	Santa-fé de Bogota....		2160	........147 × 14,7 — ombre........	B.
—	d'été......	Quuchuqui [3] (Quito)...		2534	........181 × 14 — ombre........	B.
—	d'été......	Turmero (Venezuela)..		2208	........92 × 24 — ombre........	B.
—	d'été......	Trusillo (Venezuela)...		2230	........100 × 22,3 — ombre........	B.
	d'été......	Ratisbonne...........		1523	........94 × 16,2 — ombre........	F. [4].
—	d'été......	Freising (Bavière)....		2265	........120 × 18,9 — ombre........	Mr. [5].
—	d'automne.	Alais................	130	2092	........6 — ombre........	B.
—	d'automne.	Paris................		2161	........6 — ombre........	B.
—	8	Paris................		2080	........160 × 18 — ombre........	J. [7].
—	8	Paris................		2144	........160 × 13,4 — ombre........	Fla. [9].
—	d'automne.	Paris................		1970	....Somme du 1er février — ombre....	M. [10].
—	d'automne.	Orange..............	46	1601	....Somme du 1er février — ombre....	Ga.
—	d'automne.	Upsal...............		1546	.... —	M.
—	d'automne.	Lynden		675	.... —	M.
—	d'automne.	Avignon.............	55	1900	.... —	Gi. [11].
—	d'automne.	Algérie.............		2462	.Somme d'Hervé Mangon [12] — ombre..	Ba. [13].
—	d'automne.	Normandie		2365	.... —	H, M. [14].

VÉGÉTAUX.	LOCALITÉS.	ALT.	SOMMES.	MODE D'ADDITION.	CITATEURS.
Blé (*Triticum sativum*) d'automne.	Paris		2433	Somme d'Hervé Mangon, ombre	M.
— d'automne.	Orange	46	2468	Somme du 1er février — soleil	Ga.
— d'automne.	Paris		2433	—	M.
— d'automne.	Avignon	55	2028	—	Giraud.
— d'automne.	6		2134	6	K. 15
— d'été	6		2180	6	K.
Orges (*Hordeum*) d'été	Bechelbronn		1748	92 × 19 — ombre	B.
— d'hiver	—		1708	122 × 14 — ombre	B.
— d'été	Kingston		1748	92 × 19 — ombre	B.
— d'été	Cumbal		1798	168 × 10,7 — ombre	B.
— d'été	Santa-Fé de Bogota		1793	122 × 14,7 — ombre	B.
— d'été	Revel (Esthonie)		1288	90 × 14,37 — ombre	P. 16
— d'été	Upsal		1589	114 × 13,94 — ombre	L. 17
— d'été	Ratisbonne		1509	88 × 17,14 — ombre	F.
— d'été	Freising (Bavière)		1725	100 × 17,25 — ombre	Mr.
— d'hiver	Alais	130	1795	137 × 13,1 — ombre	B.
— d'hiver	Le Caire	12	1890	90 × 21 — ombre	B.
— d'été	Bechelbronn		1757	92 × 19,1 — ombre	Fl. 18
— d'été	Inconnue		1738	6 ombre	K.
— d'hiver	—		1752	6 ombre	K.
— 6	—		1810	6 soleil	M.
—	Entre 59° et 60° lat. N.		1840	Procédé Decandolle 19, ombre	D. C. 20
—	62° lat. N.		1780	—	D. C.
—	Entre 64°5 et 65°		1400	—	D. C.

VÉGÉTAUX.	LOCALITÉS.	ALT.	SOMMES.	MODE D'ADDITION.	CITATEURS.
—	68°30′	435	1300	—	D. C.
—	70°		1250	—	D. C.
—	Carpathes	1000	1608	—	D. C.
—	Suisse centrale	1300	1755	—	D. C.
—	Alpes bernoises	1510	1357	—	D. C.
—	Alpes italiennes	2046	903	—	D. C.
—	Yakonzk	456	1730	—	D. C.
—	Écosse, Allemagne		2100	—	D. C.
Maïs (*Zea maïs*)	Bechelbronn		2440	122 × 20 — ombre	B.
—	—		2555	153 × 16,7 — ombre	B.
—	Alais	150	3064	135 × 22,7 ombre	B.
—	Kingston		2684	122 × 22 — ombre	B.
—	Magdalena		2530	92 × 27,5 — ombre	B.
—	Zupia		2887	137 × 21, 5 — ombre	B.
—	Santa-Fé de Bogota		2745	183 × 15 — ombre	B.
—	Quinchuqui 3		2968	6 ombre	B.
—	Marmato (Am. mér.)		2513	122 × 20,6 — ombre	B.
—	Allemagne	51	2500	Procédé Decandolle — ombre	D. C.
—	—		3073	6	K.
Pomme de terre (*Solan. tuberos.*).	Bechelbronn		3039	157 × 18,2 — ombre	L.
—	—		2944	183 × 18,2 — ombre	B.
—	Alais	130	3228	153 × 21,1 — ombre	B.
—	Valencia (Venezuela)		3060	120 × 25,5 — ombre	B.
—	Mérida (Cordillères)		3060	137 × 22 — ombre	B.
—	Santa-Fé de Bogota		2930	200 × 14,7 — ombre	B.
—	Pinantura		3036	276 × 11 — ombre	B.
—	Cambugan		3192	200 × 15,5 — ombre	B.
—	Pusuqui		3180	6	B.

VÉGÉTAUX.	LOCALITÉS.	ALT.	SOMMES.	MODE D'ADDITION.	CITATEURS.
Pomme de terre (*Solan. tuberos.*).			2845	................6..............	K.
Vigne (*Vitis vinifera*)............	Paris................		2392	Somme de l'ouverture des bourgeons.	M.
—	Inconnue		3085	.........—..........	K.
—	—		4000	— depuis la pousse des bourgeons.	K.
—	—		6250 (21)	Depuis le commencement de la végétat.	K.
—	Paris		2900	A partir de la température diurne 10°.	M.
—	Suisse septentrionale ..	580	2660	........Procédé Decandolle.........	D. C.
—	Faucigny............	815	2046	...........—..........	D. C.
—	Alpes italiennes.......	1180	1772	...........—..........	D. C.
—	Pyrénées françaises....	750	2406	...........—..........	D. C.
—	Etna................	1300	2323	...........—..........	D. C.
—	Genève..............	400	2817	...........—..........	D. C.
—	Allemagne...........		2900	...........—..........	D. C.
Cresson alénois (*Lepidium sativum*).	Genève..............	400	1313	..(49 × 13, 61) + (35 × 18, 46) ombre..	D. C.
—	—		1465	..(49 × 16, 28) + (28 × 18, 38) soleil...	D. C.
Ibéride (*Iberis amara*)............	—		1754	..(66 × 14, 46) + (73 × 17, 33) ombre..	D. C.
—	—		2219	..(14, 28 × 58) + (52 × 17, 82) soleil...	D. C.
Moutarde (*Sinapis dissecta*).......	—		1483	..(35 × 13, 87) + (59 × 16, 91) ombre..	D. C.
—	—		1723	..(43 × 14, 42) + (65 × 16, 96) soleil...	D. C.
Nigelle de Crète (*Nigella sativa*)...	—		1896	..(76 × 14, 91) + (41 × 18, 61) ombre.	D. C.
—	—		2434	...........6......soleil..........	D. C.
Lin cultivé (*Linum usitatissimum*).	—		1272	.(50 × 16, 17) + (25 × 18, 11) ombre..	D. C.
—	—		1580	...........6......soleil........	D. C.
Lin d'hiver.....................	Inconnue		1450	.............6..............	K.

VÉGÉTAUX.	LOCALITÉS.	ALT.	SOMMES.	MODE D'ADDITION.	CITATEURS.
Lin d'automne..................	Inconnue		1450	. A partir de température diurne 10°. .	K.
Bouleaux (*Betula alba, B. nana, B. pubescens*).....................	Silésie	1300	1308	.....Procédé Decandolle, ombre......	D. C.
—	Suisse centrale........	1786	1130	...........—..........	D. C.
—	Suisse occidentale......	1980	730	...........—..........	D. C.
—	Etna................	2176	1310	...........—..........	D. C.
—	Cap nord............		520	...........—..........	D. C.
—	Norwége.............	950	1300	...........—..........	D. C.
Sorbier des oiseaux (*Sorbus aucuparia*)....................	Silésie	1190	1772	...........—..........	D. C.
—	Suisse...............	1660	1355	...........—..........	D. C.
—	Carpathes............	1624	1485	...........—..........	D. C.
—	Cap nord............		520	...........—..........	D. C.
—	Valeur moyenne.......		3350 à 4000	...........—..........	
Dattier (*Phœnix dactylifera*)......	Espagne.............		5100°	...........—..........	D. C.
Sapin (*Abies excelsa*)............	Silésie..............	1300	1360	...........—..........	D. C.
—	Suisse centrale........	1884	830	...........—..........	D. C.
—	Alpes méridionales....	2111	705	...........—..........	D. C.
—	Carpathes............	1527	1115	...........—..........	D. C.
—	Norwége (67° de lat.)		1600	...........—..........	D. C.
			1000	...........—..........	D. C.
Sapin pectiné (*Abies pectinata*).....					
Frêne commun (*Fraxinus excelsior*).....................	Écosse...............	2450	2450	...........—..........	D. C.
—	Norwége (62°30').....		1980	...........—..........	D. C.
—	Alpes orientales.......	1483	1610	...........—..........	D. C.
—	Alpes occidentales.....	1330	1400	...........—..........	D. C.
—	Pétersbourg..........		1960	...........—..........	D. C.
Hêtre commun (*Fagus sylvatica*)...	Écosse		2550	...........—..........	D. C.

VÉGÉTAUX.	LOCALITÉS.	ALT.	SOMMES.	MODE D'ADDITION.	CITATEURS.
Hêtre commun (*Fagus sylvatica*)..	Norwège (60°30′)		2500	.....Procédé Decandolle, ombre......	D. C.
—	Mont Ventoux	1666	1467	—	D. C.
—	Etna	2160	1043	—	D. C.
Houx (*Ilex aquifolium*)	Pyrénées	987	2400	—	D. C.
—	Etna	1787	1620	—	D. C.
—	Soulinor (Norwège)		1830°	—	D. C.
—	Écosse	820	1890	—	D. C.
—	Valeur moyenne		2200	—	D. C.
Alize (*Alizum calicinum*)	Écosse (57° lat.)		2450	—	D. C.
—	Pyrénées	1566	1433	—	D. C.
Bourdaine (*Rhamnus frangula*)	Norwège		1800	—	D. C.
—	Écosse		2300	—	D. C.
—	Ulea		1500	—	D. C.
—	Russie		1800	—	D. C.
Radiole faux-lin (*Radiola linoïdes*)	Norwège (63° lat.)		1900	—	D. C.
—	Valeur moyenne		2225	—	D. C.
Saponaire commune (*Saponaria vaccaria*)	Prusse (54°30′ lat.)		2300	—	D. C.
Succoria balearia	Sardaigne		5800	—	D. C.
Atractyle à réseau (*Atractylis cancellata*)	Nice (43°40′ lat.)		3200 à 3800	—	D. C.
Campanule (*Campanula erinus*)	France (47° lat.)		3000	—	D. C.
Sedum cepea	Hollande (53° lat.)		3000 à 3500	—	D. C.
—	Valeur moyenne		3200	—	D. C.

VÉGÉTAUX.	LOCALITÉS.	ALT.	SOMMES.	MODE D'ADDITION.	CITATEURS.
Ficoïde nodiflore (*Mesembryanthemum nodiflorum*)	Dalmatie (42° lat.)		5730	—	D. C.
—	Valeur moyenne		5400	—	D. C.
Hutchinsie des pierres (*Hutchinsia petræa*)	Suède (59° lat.)		2450	—	D. C.
—	Valeur moyenne		3700	—	D. C.
Ancolie commune (*Aquil. vulgar.*)	Drontheim		1960	—	D. C.
—	Corse		2560	—	D. C.
Œillet des chartreux (*Dianth. carth.*)	Russie (55° lat.)		2500	—	D. C.
Peganum harmala	Valeur moyenne		2200	—	D. C.
Mauve musquée (*Malva moschata*)	Suède (59° lat.)		2185	—	D. C.
—	Valeur moyenne		2200	—	D. C.
Fusain d'Europe (*Evonymus europ.*)	Norwège (59. lat.)		2600	—	D. C.
—	Ciel clair		2500	—	D. C.
Palmier nain (*Chamærops humilis*)	Nice	54	2700 à 3000	—	D. C.
Coronille des jardins (*Coron. emerus*)	Valeur moyenne		2900	—	D. C.
Corogana frutescus	Valeur moyenne		2385	—	D. C.
Lychnis des Alpes (*Lychnis alpina*)	Valeur moyenne		1400 à 1500	—	D. C.
Néflier cotonneux (*Cotoneast. vulg.*)	Valeur moyenne		3000	—	D. C.
Saxifrage à feuilles opposées (*Saxifraga oppositifolia*)	Ile Melville		95°	—	D. C.
Dentaire bulbifère (*Dent. bulbifera*)	Norwège (60° lat.)		2100	—	D. C.
Avoine d'hiver (*Avena*)	Inconnue		2351	[6]	K.
—	—		2197	Depuis la reprise de végétation — soleil.	M.
—	—		2500	[6]	K.
Fève (*Faba major*)	—		2210	Depuis reprise de végétation — soleil.	M.
—	—		3200	A partir de température diurne 12°.	G.
Citronille (*Cucurbita citrullus*)	—		1400	[6]	K.

VÉGÉTAUX.	LOCALITÉS.	ALT.	SOMMES.	MODE D'ADDITION.	CITATEURS.
Sarrazin (*Polygonum fagopyrum*)..	Inconnue............		1600	.... 6	K.
—	—		1579	.. Depuis reprise végétation — soleil...	M.
Colza d'hiver (*Brassica campestris oleifera*)............	—		1750	.... 6	K.
Millet paniculé............	—		1850	.... 6	K.
Millet d'Italie (*Setaria italica*)....	—		2650	.... 6	K.
Riz (*Oriza sat.*), variété sans barbe.	—		2730	.... 6	K.
Riz commun (*Oriza sativa*).......	—		3650	.... 6	K.
Pavot (*Papaver somniferum*)......	—		2300	.... 6	K.
Seigle (*Secale cereale*)............	—		2383	.... 6	K.
Madia sativa.	—		2500	.... 6	G.
Melon (*Cucumis melo*)...........	—		2860	.... 6	K.
Sesame (*Sesamum orientale*).......	—		3046	.... 6	K.
—	Provence............		2700	....A partir de temps diurne 16°.....	G.
Cardère (*Dipsacus fullonum*)......	Inconnue............		3070	.... 6	K.
Patate (*Solanum tuberosum*).....	—		3645	.... 6	K.
Sorgho (*Holcus sorghum*)........	—		4000	..A partir de température diurne 12°..	G.
Courge potiron (*Cucurbita pepo*)...	—		4000	............, —	G.
Garance (*Rubia tinctorum*).......	—		4147	.... 6	K.
Cotonnier (*Gossypium*)...........	Basse Égypte.........		4500	.... 6	K.
Figuier (*Ficus carica*)...........	Inconnue............		4838	..A partir de température diurne 8°..	K.
—	—		2177	..A partir de la reprise de végétation..	G.
Cotonnier (*Gossypium*)...........	Guyane............		5500	.... 6	K.

1. Ce procédé a été introduit par Boussingault. Il consiste à compter les jours depuis la reprise de la végétation jusqu'à la maturité et à multiplier le nombre trouvé par la température moyenne de cette période.

2. *B.* : Boussingault, *Économie rurale*, Paris, 1860-70, in-8°, t. II, p. 690 et suiv.

3. Quinchuqui, près de San Pablo, dans la province de Quito.

4. *F.* : Furnrohr, cité par Decandolle (t. II, p. 52). Voir cet auteur pour la bibliographie.

5. *Mr.* : Meister, cité par Decandolle.

6. Les auteurs auxquels nous empruntons ces nombres n'ont pas signalé le procédé employé pour faire la somme de maturité. C'est, à notre avis, un grand tort; il ne faut jamais rien négliger dans des questions aussi controversées.

7. *J.* Joigneaux tire ce résultat de Boussingault. Nous ne l'avons pas trouvé dans l'*Économie rurale*.

8. Les auteurs ont négligé de nommer les variétés. C'est encore un grand tort, car il peut en résulter des malentendus.

9. Flammarion (l'*Atmosphère*) tire ce résultat de Boussingault. Nous ne l'avons pas trouvé dans l'*Économie rurale* qui est à la disposition des lecteurs à la Bibliothèque nationale.

10. *M.* : Marié-Davy, *Annuaire de l'Observatoire météorologique de Montsouris*, 1882, in-12.

11. *G.* : Giraud, cité par Marié-Davy.

12. Le système de M. Hervé Mangon consiste à faire la somme des températures moyennes diurnes depuis les semis jusqu'à la maturité en défalquant toutes celles qui sont inférieures à la température de végétation qui est de 5° pour le blé.

13. *Ba.* : Ballaud, cité par Marié-Davy.

14. Hervé-Mangon, cité par Marié-Davy.

15. *K.* : Cet auteur a tiré son tableau des températures de maturité d'après les indications de « divers auteurs » qu'il ne nomme pas. C'est encore un grave tort, car, malgré nos recherches, nous n'avons pu les découvrir. D'autant plus que les nombres qu'il fournit sont loin d'être exacts et les indications tout à fait insignifiantes. Ainsi, les nombres 4213 et 2180 qu'il fournit pour le blé sont à rapprocher des nombres 2080 et 2144 cités par Joigneaux et Flammarion. Il est probable que M. les aura tirés de ces auteurs et les aura mal transposés.

16. *P.* : Pauker, cité par Decandolle (p. 52). Voir cet auteur pour la bibliographie.

17. *L.* : Linnée a fourni quelques renseignements agricoles sur lesquels Decandolle s'est appuyé pour calculer ces nombres.

18. Fl. Flammarion, ce nombre est tiré de Boussingault, mais avec la variante de un dixième de degré.

19. Decandolle calcule à l'avance la somme des températures diurnes d'une température donnée croissante à la même température donnée décroissante pour différentes localités. Connaissant alors l'aire géographique d'un végétal, il en tire par comparaison les éléments thermiques.

20. Decandolle, *Géographie botanique raisonnée*, Paris, 1852, in-8°.

21. Ce nombre est évidemment exagéré. Il est impossible à admettre. Les nombres cités avec l'indication G sont, comme il l'a été convenu, extraits du *Cours d'agriculture* de Gasparin.

TABLEAU XI *ter*. — *Produits météoriques rendant la maturité du blé.*

DATES DES SEMIS.	Nombre de jours écoulés des semis à la maturité.	Dates moyennes de la maturité.	Éclairement du tallage à la maturité.
22 septembre.	287 jours.	6 juillet.	3906°
29 »	286	12	3989
6 octobre.	282	15	4116
13 »	279	19	4158
20 »	276	23	4131
27 »	272	26	4120
3 novembre.	267	28	4127
10 »	262	30	4131
17 »	257	1er août.	4131
24 »	251	2	4131
1er décembre.	245	3	4116
8 »	239	4	4120
15 »	233	6	4123
22 »	227	5	4045
29 »	221	7	4018

Marié-Davy, *Annuaire de l'Observatoire météorologique de Montsouris*, 1883, p. 274 et 278.

TABLEAU XVI *bis*. — *Hygroscopicité.*

Granite non altéré............	0,00	Granite un peu altéré........	3,00
Calcaire compacte conchoïdal...	0,00	Gneiss un peu altéré.........	3,00
Granwacke presque compacte (Vosges).................	0,90	Granite plus altéré	3,50
		Mollasses diverses...........	6,00
Calcaire marneux compacte....	1,20	Calcaire crayeux à nérinées....	7,50
Schiste liasique..............	1,38	Limons divers d'Alsace........	7,50
Calcaire oolitique sableux (Jura)	1,60	Marnes oxfordiennes (Jura)....	15,50
Calcaire d'eau douce..........	2,20	Craie blanche (Jura).........	20,00
Calcaire ferrugineux (Jura)....	2,30	Kaolin de Limoges (St-Yrieix).	30,00

Turmann, cité par Scipion Grass : *Géologie agronomique.*

INSTRUCTIONS.

« Quand, par suite des pluies ou des inondations, les terres destinées aux cultures d'automne n'ont pu être emblavées à l'époque habituelle, on peut remédier tant bien que mal à cette disposition fâcheuse en faisant des semis avant même le printemps. Il faut alors employer les variétés de blé suivantes :

« 1° *Blé de Noé* ou *Blé bleu,* qu'on peut semer en février et en mars surtout dans les terres un peu chaudes et calcaires ;

« 2° *Blé de Bordeaux* ou *Blé rouge inversable,* qu'on peut semer jusqu'au commencement de mars ;

« 3° *Blé rouge de Saint-Laud,* qu'on peut semer jusqu'en février dans les terres franches, dans les alluvions et les terres argileuses pas trop compactes ;

« 4° *Blé-seigle,* qu'on peut semer jusqu'en mars dans les terres siliceuses.

Tous ces blés produisent d'autant plus qu'ils auront été semés plus tôt.

« 5° *Blé hérisson barbu,* qu'on peut semer en janvier et en février ;

« *Richelle de Naples* recommandable pour tout le midi et l'ouest de la France.

« Tous ces blés donnent 1/5 de rendement en plus que les blés de printemps. »

Résumé d'après Vilmorin, *Journal d'agriculture pratique,* t. II, 1882, p. 911 et 912.

TABLEAU XXI *bis.* — *Résistance au froid.*

Algue (*Protococcus nivalis*).	—36°	Go. 1.	Casuarina (*Casuarina equisetifolia*)........	—5	V.
Mûrier (*Morus alba*)....	—25	H.L. 2.	Oranger (*Citrus aurantium*) du Portugal....	—5	V.
Tiges de houx (*Ilex aquifolium*)............	—25	D.C. 3.	Corosollier (*Anona triloba*)................	—5	V.
Ciguë vireuse (*Cicuta virosa*).............	—22	Go.	*Psidium aromaticum*....	—5	V.
Diatomées............	—20	S. 4	Métrosidéros blanc (*Metrosideros alba*).......	—5	V.
Ail commun (*Allium sativum*)..............	—16	Go.	*Visnera mocarena*......	—5	V.
Magnolier à grandes fleurs (*Magnolia grandiflora*)...........	—11	V. 5.	Myrte commun (*Myrtus communis*)...........	—5	V.
Pittospore ondulé (*Pittosporum sinense*).......	—11	V.	Cassis (*Cassia corymbosa*).................	—5	V.
Manhalenta linarifolia.	—11	V.	*Gnidia simplex*........	—5	V.
Dattier (*Phœnix dactylifera*).............	—11	V.	Laurier rose (*Nerium oleander*).............	—5	V.
Eriobotrya du Japon (*Eriobotrya japonica*)...	—11	V.	*Peganum harmala*......	—5	D. C.
Olivier (*Olea europaea*)..	—11	V. D. 6.	Belladone (*Atropa belladona*).............	—4	Go.
Figuier (*Ficus carica*)..	—11	V.	Phytolacca...........	—4	Go.
Chêne-liège (*Querc. suber*).	—11	V.	Chara..............	—3	C. 8.
Laurier rose (*Nerium oleander*).............	—11	V.	Petits pois (*Pisum commune*).............	—3	J.
Acacia de Constantinople (*Acacia julibrizin*)....	—11	V.	Sorgho (*Holcus sorghum*) (feuilles)...........	—3	Go. 9.
Frêne commun (*Fraxinus excelsior*)...........	—11	D. C.	Maïs (*Zea maïs*) (feuilles).	—3	Go.
Racines d'ellébore noire (*Helleborus niger*)....	—10	Go. 7.	Calebasse (*Cucurbita lagenaria*) (feuilles)....	—3	Go.
Racines d'ellébore (*Helleborus viridis*).......	—10	Go.	Ricin (*Ricinus communis*) (feuilles)........	—3	Go.
Racines de la valériane des jardins (*Valeriana phu*).............	—10	Go.	Oranger (*Citrus aurantium*)...............	—3	B. 10.
Racines du chou (*Brassica oleracea*)........	—10	Go.	Acacia de Farnèse (*Acacia farnesiana*).......	—2,5	V.
Palmier nain (*Chamœrops humilis*).........	—10	D. C.	*Acacia echinula*........	—2,5	V.
Branches d'olivier (*Olea europaea*)............	—9	D.	*Acacia lophanta*........	—2,5	V.
Oignon blanc (*Allium cepa*)................	—8	Go.	Casse cotonneux (*Cassia tomentosa*)...........	—2,5	V.
			Bois de sappan (*Cæsalpina sappan*).........	—2,5	V.
			Greuvier d'orient (*Grewia orientalis*)......	—2,5	V.

Haricot des Indes (*Phaseolus caracola*)......	—2,5	V.	Ketmie rose (*Hibiscus rosea*).............	—2	V.
Solanum auriculatum...	—2,5	V.	Caoutchouc (*Ficus elastica*).............	—2	V.
Solanum betaceum.......	—2,5	V.	Canne à sucre (*Saccharum officinarum*)..........	—2	V.
Datura en arbre (*Datura arborea*)............	—2,5	V.	Barbon (*Andropogon squarrosus*)..........	—2	V.
Polygale flexible (*Polygala flexuosa*)........	—2,5	V.	Feuilles de cornichon (*Cucumis sativus*).....	—1,5	Go. 11
Avocatier (*Laurus persea*)................	—2,5	V.	Feuilles de giraumon (*Cucurbita pepo*)......	—1,5	Go.
Laurier des Indes (*Laurus indica*)...........	—2,5	V.	Feuilles d'haricot nain (*Phaseolus nanus*)....	—1,5	Go.
Psidium pyriferum.....	—2,5	V.	Feuilles d'haricot (*Phaseolus coccineus*)......	—1,5	Go.
Citronnier pamplemousse (*Citrus pamplemousse*).	—2,5	V.	Bambou commun (*Bambusa vulgaris*)........	—1	V.
Bergamottier (*Citrus bergamotta*)............	—2,5	V.	Barbon des Andes (*Vetiver des Andes*)........	—1	V.
Justicia du Pérou (*Justicia peruviana*)........	—2,5	V.	Balisier à feuilles étroites (*Canna angustifolia*)..	—1	V.
Ménisperme à feuilles de laurier (*Menispermum laurifolium*)........	—2,5	V.	Lantana (*Lantana camara*)...............	—1	V.
Maurandia grimpant (*Maurandia semperflorens*)...............	—2,5	V.	Volkamer du Japon (*Volkameria japonica*)....	—1	V.
Nandina domestique (*Nandina domestica*)..	—2,5	V.	*Citrus medica*	—1	V.
Céanothe d'Afrique (*Ceanotus africanus*)......	—2,5	V.	Bananier du paradis (*Musa paradisiaca*).......	—1	V.
Cobéa grimpant (*Cobea scandens*)............	—2,5	V.	Bananier (*Musa violaceaperia*)............	—1	V.
Bignone de l'île de Norfolk (*Bignonia pandorea*).............	—2,5	V.	Pomme de terre (*Solanum tuberosum*)......	—1	
Salvia involucrata......	—2,5	V.	Cornichon (*Cucumis sativus*)...............	—1	
Grenadille bleue (*Passiflora cœrula*)........	—2,5	V.	Citronnier (*Citrus medica*)................	0	B.
Lin de la N^{lle}-Zélande (*Phormium tenax*)....	—2,5	V.	Conferves.............	0	Go.
Cactus du Pérou (*Cactus peruviana*)............	—2,5	V.	Chêne vert (*Quercus ilex*).	0	V.
Figuier d'Inde (*Cactus opuntia*)............	—2,5	V.	Chêne-liège (*Quercus suber*)................	0	V.
Panis (*Panicum altissimum*)...............	—2,5	V.	Pin maritime (*Pinus maritima*).............	0	V.
			Châtaignier (*Castanea*)..	0	V.
			Bruyère (*Erica vulgaris*).	0	V.

Arbousier (*Arbutus unedo*)................	0	V.	Lentisque (*Pistacia lentiscus*)................	0	V.
Laurier (*Daphne laureola*)................	0	V.	Anémone (*Anemone*).....	0	V.
Myrte (*Myrtus communis*).	0	V.	Pin d'Alep (*Pinus Alep*).	0	V.
			Cédratier (*Citrus medica.*)	+ 3	B.

1. *Go.* : Goppert, *Annales agronomiques*, t. VI, 1880, p. 319 et 320.

2. *H. L.* : Houzeau et Lancaster, *Traité élémentaire de météorologie*, Paris, 1880, in-8°, p. 76.

3. *D. C.* : Decandolle, *Géographie botanique raisonnée*, Paris, 1852, in-8°.

4. *S.* : Schumann, cité par Coppert.

5. *V.* : De Valcourt, *Climatologie des stations hivernales du midi de la France*, Paris, in-12, 1865, p. 98 à 102.

6. *D.* : Destrem de Saint-Christol, *Dictionnaire d'agriculture de Moll et Gayot*, art. OLIVIER. Cette température est sèche selon l'auteur. Si elle était humide, l'olivier périrait à — 9°.

7. Pour cette plante et les trois suivantes, Goppert n'indique pas exactement 10°; il indique de — 8° à — 10°.

8. *C.* : Cohn, cité par Goppert.

9. Pour cette plante et les trois suivantes Goppert n'indique pas exactement — 3°; il indique : de — 2 à 3°.

10. *B.* : Boitel, *Culture des cédratiers en Corse.* (*Annales agronomiques*, t. I, 1875, p. 122.)

11. Pour cette plante et les trois suivantes Goppert n'indique pas exactement — 1°5; il indique : de — 1 à — 1°5.

TABLEAU XXVI *bis*. — *Observation du jour : les nuages.*

NUAGES.	SYMPTOMES.		EFFETS A PRÉVOIR.
	ÉTATS PARTICULIERS DES NUAGES.	ÉTAT DU TEMPS.	
Cirrus.	Élevés	Beau	Changement de temps; descente du baromètre; vent de la direction du nuage; souvent pluie. *En août quand le vent est E. ou N.-E. il y a seulement un redoublement de chaleur.*
		Couvert, pluie, neige	Rétablissement du temps; ascension du baromètre.
	Bas et sombres		Orage venant du côté opposé. *Vent d'autant plus violent que les cirrus sont bas et étendus.*
	En couches à l'extrémité de l'horizon		Pluie douce et peu abondante en été. Neige fine en hiver.
Tracto-cirrus.	A fibres montantes.		Beau temps.
	A fibres descendantes		Pluie.
	Ordinaires et élevés.	Beau	Changement de temps passager; vent de la direction du nuage.
	Ordinaires bas et étendus.	Beau	Changement de temps; grand vent de la direction du nuage. Tempête.
Cirro-strat.	Disparaissant	Beau, couvert	Pluie *au coucher de la lune.*
	Se transformant en cirro-cumulus	Beau, couvert	Pluie.
	Apparaissant	Couvert, pluie	Beau temps.
Cirro-cumulus.	*Apparaissant*		*Abaissement de la température, surtout à la P. L.*
	Groupés en été		Beau temps; refroidissement.
	Isolés en hiver		Averses.
	Après la disparition d'un P.-Ci.		*Averses. Pluie.*
	Se transformant en cirro-stratus		*Beau.*

| NUAGES. | SYMPTOMES. | | EFFETS A PRÉVOIR. |
	ÉTATS PARTICULIERS DES NUAGES.	ÉTAT DU TEMPS.	
Pallio-cirrus.	Apparaissant d'un point de l'horizon.	Beau, couvert..	Baisse du baromètre; ascension du thermomètre, diminution de la tension de la vapeur; vent de la direction du nuage.
	Sombre		Pluie d'autant plus persistante que le temps est gris.
	S'abaissant........	Pluie, *orage*....	Rétablissement du temps.
	S'élevant..........	Pluie, *orage*....	Continuation du mauvais temps.
	Se transformant en cirro cumulus immobile..........	Pluie	Rétablissement lent du temps.
	Se transformant en cirro-cumulus disparaissant sur plac.	Pluie	Rétablissement du temps.
	Se transformant en cirro-stratus	*..........*	*Temps pluvieux et durable.*
Globo-cirrus ou Globo-cumulus.	Apparaissant.	Quelconque....	Tempête au bout de 24 ou de 36 heures.
Pallio-cumulus.	S'approchant	Beau, nuageux.	Ascension du baromètre; descente du thermomètre; augmentation de la tension de la vapeur.
	S'abaissant........	Pluie	Rétablissement du temps.
	Restant à la même altitude..........	Pluie	Continuation du mauvais temps.
	Se transformant en cirro-cumulus.....	Pluie, neige....	Beau temps. ...
	Au-dessous d'un pallio-cirrus........	Vent humide..	Pluie d'autant plus abondante que le temps est sombre.
Cumulus.	Base élevée sur l'horizon...........	Baromètre bas.	Orage ou pluie très tard.
		Baromètre élevé	Beau temps ou nuages.
	Base peu élevée sur l'horizon	Beau..........	Pluie d'autant plus intense que la base est près de l'horizon.

NUAGES.	SYMPTOMES.		EFFETS A PRÉVOIR.
	ÉTATS PARTICULIERS DES NUAGES.	ÉTAT DU TEMPS.	
Cumulus.	Grisâtre ; à protubérance..........	Beau..........	Mauvais temps ; pluie.
	A mamelons bas, arrêtés d'une blancheur éblouissante.	Beau..........	Continuation du beau temps.
	A sommités désunies, peu arrondies.	Beau..........	Orage du même côté, 12 heures après.
	Cendrés à bases gris d'ardoise et les sommets se détachant en perdant leur éclat..	....	*Orage.*
Fracto-cumulus.	A course rapide....	Ciel azuré et foncé.	Fortes rafales de vent; pluies discontinues 5 à 6 *heures après.*
	Cheminant en suite le long des cumulus.............	....	Orage, tempête.
	Apparaissant en hiver	*Ciel pur.......*	*Ondées au zénith et fortes rafales de vent.*
	Noirs, ua-dessous d'un pallio-cumulus	....	Pluie.
	En nombre considérable et courant en diverses directions.	....	Giboulées.
	Se transformant en cirro-cumulus.....	....	*Vent de la direction de ces derniers.*

Nota. — Ce tableau, primitivement, avait été construit d'après le beau livre de M. A. Poey : *Les nuages,* Paris, 1879, in-8°, et publié dans la *Science populaire.* Depuis cette époque, des observations personnelles ont permis d'augmenter ce tableau et de le compléter. Les parties en italique sont les additions ainsi faites par M. Canu.

TABLE DES NOMS D'AUTEURS

PAR ORDRE ALPHABÉTIQUE.

TABLE DES MATIÈRES.

PAR ORDRE DE CHAPITRES, SECTIONS, SOUS-SECTIONS,

ETC., ETC.

APPENDICE.

TABLE DES MATIÈRES

PAR ORDRE ALPHABÉTIQUE.

A.

F.

G.

H.

Pages.

M.

N.

O.

P.

Q.

R.

S.

T.

FIN DE LA TABLE DES MATIÈRES.

ENSEIGNEMENT PROFESSIONNEL

BIBLIOTHÈQUE

DES

PROFESSIONS INDUSTRIELLES

COMMERCIALES ET AGRICOLES

PARIS

J. HETZEL ET Cie, ÉDITEURS

18, RUE JACOB, 18

Bibliothèque des Professions industrielles, commerciales et agricoles

Le premier mérite des volumes qui composent cette ENCYCLO-PÉDIE c'est d'être accessibles par la forme, par le fond et par le prix, aux personnes qui ont le plus souvent besoin d'indications pratiques sur la profession dont elles font l'apprentissage, ou dans laquelle elles veulent devenir plus intelligemment habiles. .

A ces personnes, dont le nombre est très grand, il faut des *guides pratiques exacts*, d'un format commode, d'un prix modéré, rédigés avec clarté et méthode, comme est clair et méthodique l'enseignement direct du professeur à l'élève ou celui du maître à l'apprenti. Telle a été la pensée qui a présidé à la publication de la *Bibliothèque des professions industrielles, commerciales et agricoles.*

Elle se compose de *onze séries*, qui se subdivisent comme suit :

A. Sciences exactes. — B. Sciences d'observation. — C. Art de l'Ingénieur. — D. Mines et Métallurgie. — E. Mécanique, Machines motrices. — F. Professions militaires et maritimes. — G. Arts et métiers, Professions industrielles. — H. Agriculture, Jardinage, etc. — I. Economie domestique, Comptabilité, Législation, Mélanges. — J. Fonctions politiques et administratives, Emplois de l'Etat, Départementaux et Communaux, Services publics. — K. Beaux-arts, Décoration, Arts graphiques.

Les volumes de cette collection sont publiés dans le format grand in-18, la plupart d'entre eux sont illustrés de gravures qui viennent mieux faire comprendre le texte ; des atlas renferment les dessins qui exigent d'être représentés à grandes échelles et avec plus de détails.

L'ENVOI est fait franco pour toute demande dépassant 15 francs et accompagnée de son montant en billets de banque, timbres-poste, mandat-poste, chèques ou mandats à vue sur Paris, coupons de valeur (déduction faite de l'impôt de 5 0/0).
Le prix du port est de 40 centimes pour les volumes de 4 francs et au-dessous ; 50 centimes pour les volumes de 5 et 6 francs ; — 60 centimes pour les volumes au-dessus de ce prix.

NOTA. — Les ouvrages marqués d'un ✻ ont été choisis par le ministère de l'Instruction publique pour faire partie des catalogues des bibliothèques publiques scolaires. Le deuxième ✻, plus petit, désigne les ouvrages choisis pour être distribués en prix.

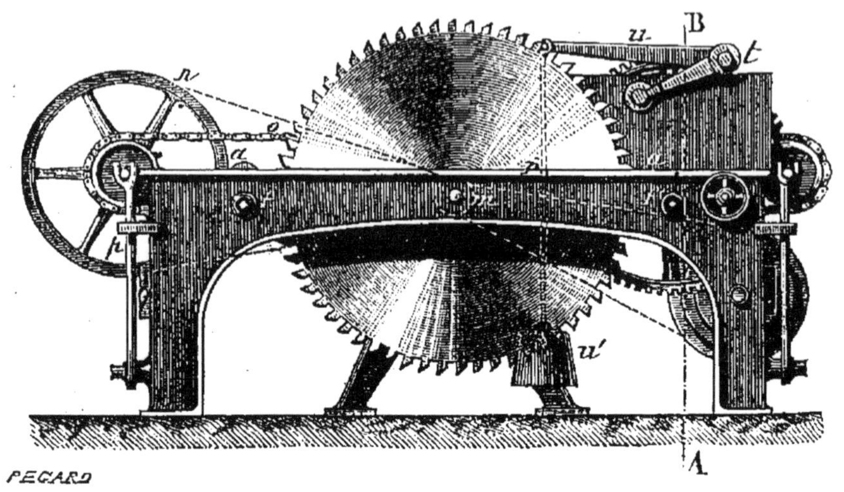

Figure spécimen du *Guide pratique de l'ouvrier mécanicien*. (Voir page 37.)

BIBLIOTHÈQUE

DES

PROFESSIONS INDUSTRIELLES

COMMERCIALES ET AGRICOLES

Parmi les bibliothèques spéciales, techniques plutôt, qui tiennent ou commencent à tenir une si grande place dans la librairie contemporaine, il faut citer au premier rang la *Bibliothèque des Professions industrielles, commerciales et agricoles*, mise en vente par la librairie Hetzel, et qui comprend déjà 113 ouvrages formant 116 volumes accompagnés de 5 atlas. Le champ est vaste de toutes les connaissances exigées, ou qui devraient l'être, par ceux, — et le nombre en est de plus en plus considérable, — qui se destinent à l'industrie, au commerce ou à l'agriculture. Autrefois, il n'y a pas longtemps encore, la seule science à peu près reconnue était la routine. En tout, partout, dans les grandes comme dans les petites exploitations, on tenait à ne pas s'éloigner des habitudes et des traditions transmises. Cela faisait, en quelque sorte, partie de l'héritage.

Depuis quelques années, nous commençons, en France, à nous affranchir de ces méthodes arriérées. C'était bon de s'enfermer dans sa coquille quand les communications étaient difficiles, quand on se suffisait, pour ainsi dire, chacun chez soi, et quand on n'avait qu'un médiocre intérêt à suivre les progrès de l'industrie, par exemple, puisque la production répondait à la consommation. Aujourd'hui, ce n'est plus tout à fait cela; c'est à qui fera le mieux, et, en même temps, fera le plus vite. La rapidité des transports, la rapidité des demandes qui peuvent être transmises, le même jour, d'un bout du monde à l'autre, ont provoqué une concurrence presque sans limites, et c'est tant pis pour ceux qui, s'en tenant aux vieux moyens, n'ont à leur service qu'un outillage inférieur. N'en pourrait-on dire autant pour l'agriculture, si complètement transformée depuis quelques années? et même pour le commerce, dont les relations, au lieu d'être limitées, confinées dans un certain rayon, sont aujourd'hui universelles?

Quoi de plus naturel que d'étudier les conditions nouvelles auxquelles sont soumises les industries diverses, les transactions commerciales, les exploitations agricoles? Et en même temps, quoi de plus curieux, pour cette partie du public éclairé et qui aime d'autant plus à s'instruire, que l'étude rendue claire et facile, de ces trois choses qui sont les bases mêmes de la fortune d'un pays? Les spécialistes n'ont qu'à choisir, dans les rayons de cette bibliothèque, pour trouver aussitôt ce qui les concerne et les intéresse. Autant de branches de la science, autant de traités particuliers, composés et écrits par les savants les plus autorisés et les professeurs les plus compétents.

La collection comprend onze séries consacrées à des ouvrages spéciaux, mais réunis tous, cependant, par un lien commun. Ainsi, il y a une série pour les sciences exactes, une autre pour les sciences d'observation. Dans la troisième, se trouve traité, sous ses différents aspects, l'art de l'ingénieur ; la quatrième s'occupe des mines et de la métallurgie. Ici sont étudiées les machines motrices ; là les professions militaires et maritimes. Plus loin, sous la rubrique Arts et Métiers, sont passées en revue les professions industrielles ; puis enfin l'agriculture, le jardinage et tout ce qui s'y rattache, l'étude des eaux, des bois et forêts, et enfin l'économie domestique. On voit tout ce qui peut tenir de traités particuliers dans cette nomenclature générale. Chacun a son volume, accompagné de dessins explicatifs et de figures, quand il est nécessaire, de façon à rendre les textes plus tangibles, pour ainsi dire, en tout cas, pour les mieux mettre à la portée du public.

Il est aisé de comprendre qu'une telle collection ne peut pas être exactement limitée, par la raison bien simple qu'elle doit se tenir à la hauteur du mouvement, c'est-à-dire du progrès, et tenir compte des inventions nouvelles qui, sans bouleverser de fond en comble les systèmes adoptés, les transforment en partie, ou tout au moins les modifient. Telle qu'elle est, on peut la considérer déjà comme supérieure à tout ce qui existe dans le même ordre d'idées. Le cadre général est plus vaste et peut s'élargir encore ; quant aux traités particuliers, comment n'offriraient-ils pas toutes les garanties désirables, grâce aux noms des spécialistes qui les ont rédigés? La physique, la chimie, les sciences naturelles, d'un côté, la géométrie, l'algèbre, de l'autre, sont enseignées de la façon la plus claire, et, ce qu'il ne faut pas oublier, par des moyens mis à la portée des gens du monde désireux d'acquérir des connaissances au moins superficielles sur toutes choses.

Ce qui caractérise notre époque, est un immense besoin de savoir. On veut au moins des notions sur toutes choses, et nulle part l'ignorance n'est un titre au respect. Comment les propriétaires, par exemple, pourraient-ils se rendre

compte des engagements imposés à leurs fermiers, s'ils n'é-
taient, eux-mêmes, au fait des principales exigences de l'a-
griculture? Et il en est partout ainsi : on veut tout connaître,
ou plutôt, on tient essentiellement à se renseigner ; et, pour
cela, il faut des connaissances au moins élémentaires sur
l'industrie, sur le commerce, sur l'agriculture, et par là
même sur toutes les sciences qui s'y rapportent.

Nous ne voyons pas de vides appréciables, dans cette
bibliothèque, et s'il s'en découvre, on peut être sûr qu'ils
seront comblés à mesure. Elle répond d'ailleurs à un besoin
réel, à un moment où la machine remplace, de plus en plus,
les bras et où le mécanicien fait des progrès constants. A
côté de cela, il est des sciences qu'on aurait grand tort de
négliger et dont la connaissance s'impose à toutes les familles. Nous citerons, par exemple, l'hygiène et la médecine
usuelles, de même que nous citerions pour les cultivateurs
et les éleveurs de bétail, un indispensable traité de médecine vétérinaire où l'on puiserait, dans maintes circonstances, des remèdes efficaces qui, appliqués trop tard, sont
inutiles et de nul effet. Rien de plus clair et de plus complet n'a été fait jusqu'à ce jour, ni de plus réellement utile.
C'est l'encyclopédie du dix-neuvième siècle, qui se recommande aussi bien par la variété des sujets que par la valeur
propre de chacun d'eux, où l'on trouve, en même temps que
les vues d'ensemble, les guides pratiques de toutes les ins-
dustries en exploitation et de toutes les professions et métiers connus. Nous ne saurions trop la recommander aux
gens du monde curieux de notions générales, ainsi qu'aux
personnes désireuses d'approfondir une spécialité.

Figure spécimen de l'*Habitation des animaux. Bergeries.* (Voir page 47.)

TABLE

DES MATIÈRES PAR ORDRE ALPHABÉTIQUE

AVEC RENVOI AUX PAGES POUR LES RENSEIGNEMENTS COMPLETS
TITRES, NOMS DES AUTEURS, PRIX ET ANALYSE DES OUVRAGES PUBLIÉS JUSQU'A CE JOUR

A

T

V

Z

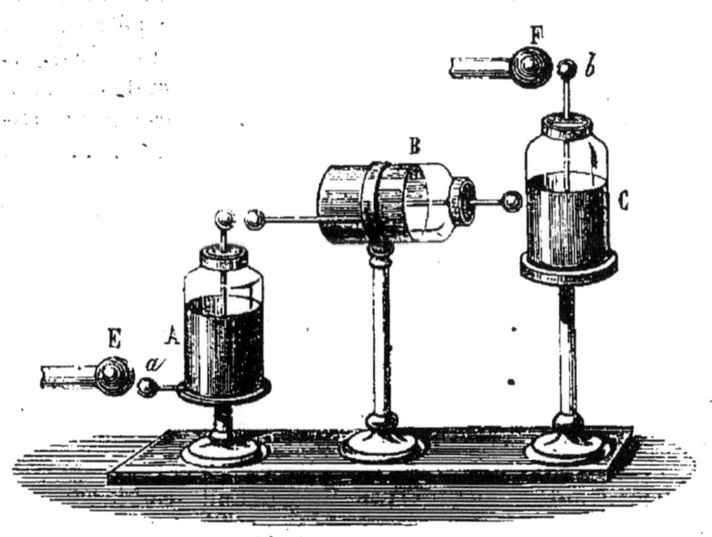

Gravure spécimen des *Leçons d'Électricité*. (Voir page 21.)

LISTE DES OUVRAGES

QUI COMPOSENT LA BIBLIOTHÈQUE

DES PROFESSIONS INDUSTRIELLES

COMMERCIALES ET AGRICOLES

Collection de volumes grand in-18

*Le cartonnage toile de chaque volume se paye 0,50 c. en plus
des prix indiqués*

BIBLIOGRAPHIE RAISONNÉE

Série **A**

SCIENCES EXACTES

1. — LEPRINCE (Paul), ingénieur, ancien élève de l'École d'arts et métiers de Châlons-sur-Marne. — Principes d' **ALGÈBRE**. 1 vol. XI-285 pages avec fig.. . . . . . 5 fr.

Un ouvrage de ce genre n'a pas encore été publié. Il indique les moyens les plus prompts et les plus simples à employer pour parvenir à la solution des problèmes. Il ne comprend que la marche pratique à suivre en algèbre pour arriver aux formules appliquées dans l'industrie en général.

2.—LENOIR (A.).—❋ CALCULS ET COMPTES FAITS à l'usage des industriels en général et spécialement des mécaniciens, charpentiers, serruriers, chaudronniers, pompiers, toiseurs, arpenteurs, vérificateurs, etc. Nouvelle édition de l'ouvrage revue et complétée par Joseph VINOT. 1 vol. 194 pages de texte et tableaux. . . . . **4 fr.**

Son objet est d'éviter aux chefs d'atelier une foule de calculs souvent assez difficiles à résoudre ; enfin c'est un aide-mémoire qui est appelé à rendre de grands services par le temps qu'il fait économiser. Il se divise comme suit 1o Arithmétique. — 2o Conversion — 3o Physique. — 4o Mécanique. — 5o Frottements, résistances. — 6o Cubage des métaux. — 7o Cubage des bois. — 8o Tables commerciales.

3-4. — ROZAN (Ch.), professeur de mathématiques. — Leçons de **GÉOMÉTRIE ÉLÉMENTAIRE.** 1 vol. et un atlas, 262 pages de texte et 31 planches doubles. . . . . . **6 fr.**

En résumant les principes essentiels de la géométrie élémentaire, ceux qui conduisent directement à la mesure des lignes, des surfaces et des corps, l'auteur s'est attaché surtout à faire sentir la liaison qui existe entre ces principes, la manière dont ils découlent les uns des autres par un enchaînement continuel de déductions et de conséquences. Il s'est donc attaché à couper le discours aussi peu que possible, et à dire d'une seule traite tout ce qui se rattache à un même ordre de questions. Il le dit très brièvement, pour ne pas fatiguer l'attention ou faire perdre de vue le point de départ ; cette rapidité des démonstrations n'a cependant rien ôté à leur clarté.

5-6. — ORTOLAN (A.), mécanicien chef de la marine de l'État, et **MESTA (J.),** mécanicien principal. — Guide pratique pour l'étude du **DESSIN LINÉAIRE** et de son application aux professions industrielles. 1 vol., LXXVI-204 p. et un atlas de 41 pl. doubles, grav. par EHRARD. . . . **6 fr.**

Cet ouvrage recommandable est aujourd'hui adopté dans plusieurs écoles industrielles ; on le trouve dans tous les ateliers. Un dictionnaire des termes techniques lui sert d'introduction, ce qui a permis aux auteurs de donner dans le cours de leur travail des indications sur les détails, sans obliger l'élève à recourir au texte des premières leçons. C'est donc par la nomenclature des instruments indispensables à l'étude du dessin que les auteurs ont débuté, puis arrivant à l'application, ils donnent la définition des lignes géométriques : le point, la ligne droite, brisée, courbe ; arc de cercle, rayon ; les angles. — Tracé des parallèles et des perpendiculaires. — Construction des angles. — Figures géométriques. — Des triangles. — Des quadrilatères. — Tangentes et sécantes à la circonférence. — Angles inscrits et circonscrits à la circonférence. — Polygones réguliers, figures inscrites et circonscrites. — Définition et construction. — Mesure et divisions des lignes. — Mesure des angles. — Rapporteurs. — Des solides. — Du plan horizontal et du plan vertical, des projections, des croquis, de la vis. — Exécution d'un dessin d'après un croquis coté et sur une échelle de convention. — Exécution d'un dessin d'ensemble avec projection de coupe. —Des engrenages ou roues dentées. —De quelques courbes et de leur tracé. — Rédaction et copie d'un dessin — Dessins ombrés au tire-ligne, du lavis, etc., etc.

Série **B**

SCIENCES D'OBSERVATION

CHIMIE, PHYSIQUE, ÉLECTRICITÉ, ETC.

1-2. — Dr Sacc, professeur à l'Académie de Neuchâtel (Suisse), membre correspondant de la Société nationale de l'agriculture, professeur à Genève, etc. — Éléments de **CHIMIE**. 2 vol.

Première partie. — **CHIMIE MINÉRALE** ou synthétique. 1 vol. . . . . 3 fr. 50

Seconde partie. — **CHIMIE ORGANIQUE** ou asynthétique. 1 vol.. . . . . 3 fr. 50

Ce petit traité, comme le dit l'auteur, n'a qu'une ambition, celle de faire aimer cette admirable science, d'en exposer aussi brièvement que possible le champ immense de manière à la rendre abordable à tous. C'est la première tentative d'une *chimie naturelle* et pure. L'auteur, laissant de côté tous les systèmes, aborde donc une voie qui doit devenir féconde.

3-4. — Hétet (Frédéric), professeur de chimie aux écoles de la marine, pharmacien en chef, officier de la Légion d'honneur, membre de plusieurs sociétés savantes.—Cours de **CHIMIE GÉNÉRALE ÉLÉMENTAIRE**, d'après les principes modernes, avec les principales applications à la médecine, aux arts industriels et à la pyrotechnie, comprenant l'analyse chimique qualitative et quantitative. Ouvrage publié avec l'approbation de M. le ministre de la Marine et des Colonies. 2 vol. grand in-18 ensemble de LI-1300 pages et 174 fig. . . . . 10 fr.

Figure spécimen de l'Étudiant Photographe. (Voir page 17.)

Figure spécimen de l'*Étudiant Photographe*. (Voir page 17.)

---

5. — CHEVALIER (A.), auteur de l'*Hygiène de la vue, de l'Étudiant micrographe*, etc. — **L'ÉTUDIANT PHOTOGRAPHE**, traité pratique de photographie à l'usage des amateurs, avec les procédés de MM. Civiale, Bacot, Cavelier, Robert. 1 vol., 216 pages, avec 68 figures. . . . . 3 fr.

Ce livre est un manuel simplifié de photographie. Il sera utile à tous ceux qui voudront s'occuper des moyens de reproduire la nature à l'aide de la lumière. Comme son titre l'indique, c'est le livre de l'étudiant, et certes nous n'avons, en le livrant à la publicité, qu'un seul désir, celui d'être utile. Nous sommes sûrs des procédés indiqués, car nous avons dû expérimenter nous-mêmes celui relatif au collodion humide.

---

6. — GAUDRY (Jules), chef du laboratoire des essais au chemin de fer de l'Est. — Guide pratique pour l'**ESSAI DES MATIÈRES INDUSTRIELLES**, d'un emploi courant dans les usines, les chemins de fer, les bâtiments, la marine, etc., à l'usage des ingénieurs, manufacturiers, architectes, officiers de marine, etc. 1 vol. XII-264 p., 37 fig. et nombreux tableaux . . . . 4 fr.

SOMMAIRE DES PRINCIPAUX CHAPITRES : Introduction. — Caractère du présent ouvrage. — Installation d'un laboratoire. — Principes de l'installation. — Outillage et mobilier. — Personnel, tenue du laboratoire. — PREMIÈRE PARTIE. — *Principes généraux de l'essai chimique.* — I. Composition et décomposition des corps. — II. Principes fondamentaux de l'analyse. — III. Manipulations chimiques. — IV. Marche de l'analyse. — DEUXIÈME PARTIE. — *Méthode d'essai des principales substances d'emploi courant.* — I. Essai de l'eau par évaporation et analyse du résidu. — Analyse des gaz de l'eau — Hydrotimétrie. — II. Essai des pierres. — III. Essai du sable. — IV. Essai de la chaux. — V. Essai des combustibles. — VI. Essai des métaux : Métaux en général. — Essai du fer. — Essai du cuivre. — Essai de l'étain. — Essai du plomb. — Essai du zinc. — Essai de l'antimoine. — Essai des alliages en général. — Essai du bronze. — Essai du laiton et des alliages blancs. — Recherche des métalloïdes dans les métaux et alliages. — VII. Essai des huiles et graisses : Des corps gras en général. — Essai des huiles. — Principales huiles. — Essai des suifs et graisses. — Essai du pétrole et des essences. — VIII. Essai des cuirs. — IX. Essai de la céruse et du minium. — X. Essai des tissus et cordages. — XI. Essai du caoutchouc. — XII. Essai des acides, alcools, alcalis, etc. — TROISIÈME PARTIE. *Tableaux :* Tableau A des principaux corps simples. — B division des bases en cinq groupes. — C division des acides en trois groupes. — D décomposition de l'eau par les métaux. — E analyse de l'eau. — F états des incinérations. — G degré oléométrique des huiles. — H tableau comparatif des principaux métaux industriels. — Appareils divers pour les essais.

---

7. — MIÉGE (B.), directeur de lignes télégraphiques. — Guide pratique de **TÉLÉGRAPHIE ÉLECTRIQUE**, ou *Vademecum* pratique à l'usage des employés des lignes télégraphiques, suivi du programme des connaissances exigées pour être admis au surnumérariat dans l'administration des lignes télégraphiques. 1 vol., XI-148 pages, avec 45 figures dans le texte. . . . . 2 fr.

M. Miége n'a pas voulu faire seulement un livre utile, mais bien un guide indispensable. Aux notions préliminaires sur le magnétisme, les différentes sources d'électricité et les propriétés des courants, succède la description de tous les appareils usités, avec l'indication des signaux généralement adoptés. Des formules d'une grande simplicité permettent de se rendre compte de l'intensité des courants et de rechercher la cause des dérangements. L'ouvrage de M. Miége sera aussi d'une incontestable utilité pour toute personne qui veut acquérir la connaissance des lois de l'électricité appliquées à la télégraphie.

---

8. — DU TEMPLE (Louis), capitaine de frégate en retraite. * Introduction à l'**ÉTUDE DE LA PHYSIQUE**. 1 vol., 333 p. avec 146 figures . . . . 4 fr.

SOMMAIRE DES PRINCIPAUX CHAPITRES : *Quelques définitions de chimie :* Éléments qui entrent dans la composition des corps. — Nomenclature chimique. — *Introduction. — La Force :* Pesanteur. — Actions moléculaires. — *Calorique et Chaleur :* Température. — Mode de propagation de la chaleur. — Changement d'état des corps par la chaleur. — *Lumière*. — Réflexion de la lumière. — Réfraction. — Décomposition et recomposition de la lumière. — Applications diverses des phénomènes de la lumière. — Lunettes. — *Sons*. — Propagation. — Réflexion. — Vibration. — *Électricité*. — *Électro-Magnétisme*. — *Electro-Chimie*.

9. — FLAMMARION (Camille). — Manuel pratique de l'**ASTRONOMIE**. — *L'art d'observer le ciel et de se servir des instruments d'optique*. 1 vol. (*En préparation.*)

10. — FRÉSÉNIUS (R.) et le Dr WILL, docteurs, assistants et préparateurs au laboratoire de Giessen. — Guide pratique pour reconnaître et pour déterminer le titre véritable et la valeur commerciale des **POTASSES**, des **SOUDES**, des **CENDRES**, des **ACIDES** et des **MANGANÈSES**, avec neuf tables de déterminations, traduit de l'allemand par le docteur G.-W. BICHON, ancien élève de M. Justus Liebig, nouvelle édition, augmentée de notes, tables et documents 1 vol., VI-229 pages avec figures . . . . 2 fr.

Le livre de MM. Frésénius et Will est le résultat des précieuses recherches auxquelles se sont livrés ces deux savants chimistes étrangers; c'est avec beaucoup de pénétration et de succès qu'ils sont parvenus à perfectionner les méthodes d'essais relatifs aux potasses, soudes, acides et manganèses.

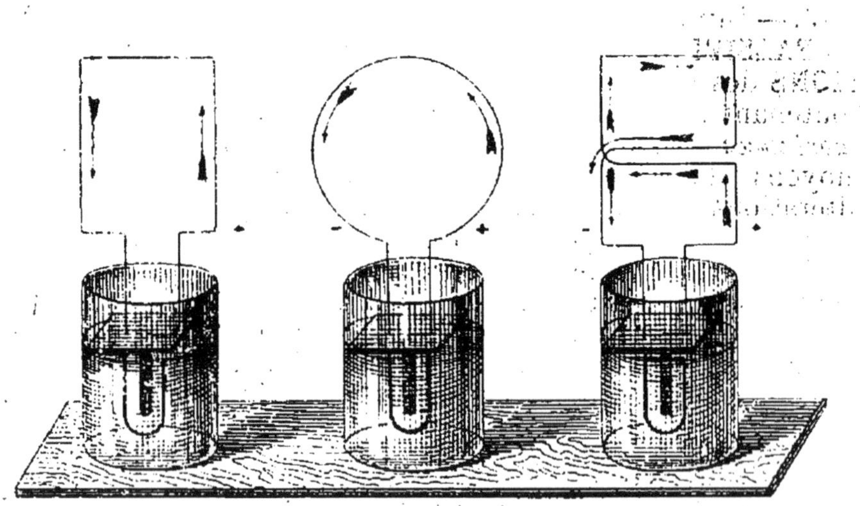

Figure spécimen de l'*Introduction à l'Étude de la physique*. (Voir page 18.)

11. — Liebig (J.). — **INTRODUCTION A L'ÉTUDE DE LA CHIMIE,** contenant les principes généraux de cette science. les proportions chimiques, la théorie atomique, le rapport des poids atomiques avec le volume des corps, l'isomorphisme, les usages des poids atomatiques et des formules chimiques. les combinaisons isomériques des corps catalyptiques, etc., accompagnée de considérations détaillées sur les acides, les bases et les sels, traduit de l'allemand par Ch. Ghérhardt, augmentée d'une table alphabétique des matières présentant les définitions techniques et les relations des corps. 1 vol., 248 pages. . . . . 3 fr.

L'accueil favorable que cette traduction a rencontré en France rappelle le succès obtenu en Allemagne par l'édition originale de l'illustre savant, considéré à juste titre comme l'un des princes de la chimie moderne.

12. — Brun (Jacques), vice-président de la Société suisse des pharmaciens. — Guide pratique pour reconnaître et corriger les **FRAUDES ET MALADIES DU VIN,** suivi d'un traité d'**analyse chimique** de tous les vins, 2° édit., 1 vol., 191 p., avec de nombreux tableaux. 3 fr.

L'art de falsifier les vins a fait ces dernières années de rapides progrès. La chimie ne doit pas se laisser devancer par la fraude : elle doit lui tenir tête et pouvoir toujours montrer du doigt la substance étrangère. Cette tâche, dit M. Brun, incombe surtout aux pharmaciens. Son livre est le résumé des différents traitements qu'il a trouvés réellement utiles, et qui, dans sa longue pratique. lui ont le mieux réussi pour l'examen chimique des vins suspects.

13. — Lunel (docteur). — Guide pratique pour reconnaître les **FALSIFICATIONS, ou DICTIONNAIRES DE FALSIFICATIONS** des substances alimentaires (aliments et boissons). contenant : la description de *l'état naturel ou normal des substances alimentaires* et leur *composition chimique*, les moyens de constater leur nature, leur valeur réelle; les altérations spontanées, accidentelles, qu'elles peuvent subir, et les moyens de les prévenir; les altérations et falsifications qui les dénaturent, c'est-à-dire qui en modifient l'aspect, la saveur, les propriétés nutritives, et qui les rendent souvent dangereuses; enfin les moyens chimiques de rendre sensibles les altérations, falsifications et contrefaçons des diverses substances alimentaires. 1 vol. 200 pages. . . . . 5 fr.

14-15. — Noguès (A.-F.), professeur de sciences physiques et naturelles. — Guide pratique de **MINÉRALOGIE**

APPLIQUÉE (histoire naturelle inorganique) ou connaissance des combustibles minéraux, des pierres précieuses, des matériaux de construction, des argiles céramiques, des minerais manufacturiers et des laboratoires, des minerais de fer, de cuivre, de zinc, de plomb, d'étain, de mercure, d'argent, d'antimoine, d'or, de platine, etc. 2 vol., 919 p. et 248 fig . . . .   10 fr.

Cet ouvrage a été écrit principalement pour les personnes qui désirent acquérir des notions justes, pratiques et usuelles sur les minerais métallifères et les minéraux employés dans les arts et l'industrie. Les étudiants qui suivent les cours des Facultés, les élèves des Ecoles spéciales et industrielles, les ingénieurs, les élèves des Écoles des mines, les mineurs, les agriculteurs, les directeurs d'exploitations minières, les gardes-mines, les amateurs et les gens du monde qui voudront acquérir des connaissances pratiques en minéralogie, le consulteront avec fruit.

Ce guide a été conçu dans un esprit essentiellement pratique et industriel. M. Noguès, en publiant cet ouvrage, a voulu offrir au public le cours de minéralogie qu'il professe avec tant de succès à l'Ecole centrale des arts et manufactures de Lyon. — Nous ne donnons pas ici la table des matières contenues dans l'œuvre de M. Noguès, elle est trop considérable, mais nous indiquerons le sommaire des chapitres.

I. Définitions des termes et généralités. — II. Caractères géométriques des minéraux ou cristallogie. — Cristallogie comparée ou morphologie minérale. — Cristallogénie. — Caractères physiques, chimiques et géologiques des minéraux. — Classification des minéraux. - Description des espèces minérales. — Appendice au carbone. — Organolithes. — Classifications.

---

16. — Du Temple (Louis), capitaine de frégate en retraite. — ✳✶ **TRANSMISSIONS DE LA PENSÉE ET DE LA VOIX**. 1 vol., 332 pages, orné de 62 figures . . . . .   4 fr.

Sommaire des principaux chapitres : *Organe de la vue et moyens employés pour la corriger*. — Structure de l'œil. — Marche des rayons lumineux dans l'œil. — *Organe de la voix*. — *Organe de l'ouïe*. — Oreille. — Comment l'homme peut diminuer les imperfections de l'ouïe. — *Langage*. — Définition. — Langage écrit. — Grandes inventions modernes. — *Papier*. — Historique. — Fabrication du papier à la main ou papier de cuve. — Fabrication du papier à la mécanique. — Différentes espèces de papier. — *Imprimerie* ou *Typographie*. — Historique. — Gravure. — Lithographie. — Presses typographiques. — Clichage. — Gravure en creux. — Gravure en relief. — *Photographie*. — Historique. — Procédés. — Photographie sur verre. — Préparation du collodion et son emploi. — *Électro-Métallurgie*. — Galvanoplastie. — Appareils galvanoplastiques. — Applications de la galvanoplastie. — — *Télégraphes aériens, pneumatiques, électriques*. — *Téléphone*. — *Phonographe*. — *Aérophone*.— *Postes*.

---

17. — Snow-Harris. — Leçons élémentaires d'**ÉLECTRICITÉ** ou exposition concise des principes généraux de l'ÉLECTRICITÉ ET DE SES APPLICATIONS, annotées et traduites par E. Garnault, professeur de physique à l'École navale. 1 vol. 264 pages, avec 72 figures dans le texte.   3 fr.

.Les leçons de M. Snow-Harris ont eu un grand succès en Angleterre. L'auteur s'est surtout attaché à donner des idées saines, pratiques et théoriques sur les principes généraux de l'électricité et les faits les plus simples qu'il démontre à l'aide d'expériences faciles à répéter.

Le traducteur, qui est lui-même un professeur distingué, a ajouté à l'ouvrage anglais des notes dans lesquelles il donne surtout des aperçus sur les principales applications de l'électricité dans l'industrie.

---

18. — Laffineur. — Guide pratique d'HYDRAULIQUE et d'HYDROLOGIE SOUTERRAINE ET SUPERFICIELLE ou traité de la science des sources, de la création des fontaines, de la captation et de l'aménagement des eaux pour tous les besoins agricoles et industriels. 1 vol., 191 pages. avec figures. . . . . 3 fr. 50

19-20. — Clausius (R.), professeur à l'Université de Wurtzbourg. — **THÉORIE MÉCANIQUE DE LA CHALEUR,** traduit de l'allemand par F. Folie, professeur à l'École industrielle, et répétiteur à l'École des mines de Liége. 2 vol., xxx-748 pages . . . . 15 fr.

« Depuis que l'on a utilisé la chaleur comme force motrice au moyen des machines à vapeur, et que l'on a été ainsi amené pratiquement à regarder une certaine quantité de travail comme l'équivalent de la chaleur nécessaire pour le produire, il était naturel de rechercher théoriquement une relation déterminée entre une quantité de chaleur et le travail qu'il est possible de lui faire produire, et d'utiliser cette relation pour en déduire des conclusions sur l'essence et les lois de la chaleur elle-même. » (Clausius.)

Par le titre des chapitres, nous allons indiquer le mode de démonstration de l'auteur.

Introduction mathématique. — Principe fondamental de la théorie mécanique de la chaleur. — Second principe. — Influence de la pression et de la congélation des liquides. — Dépendance théorique qui existe entre deux lois empiriques relatives à la tension et à la chaleur latente de différentes vapeurs. — Equivalence des transformations au travail intérieur. — Axiome de la théorie mécanique de la chaleur. — Concentration de rayons de chaleur et de lumière, et les limites de son effet. — Mémoires sur les mouvements moléculaires admis pour l'explication de la chaleur. — Sur la conductibilité des corps gazeux pour la chaleur.

NOTA. — Les ouvrages marqués d'un ✳ ont été choisis par le ministère de l'Instruction publique pour faire partie des catalogues des bibliothèques publiques scolaires. Le deuxième ✳, plus petit, désigne les ouvrages choisis pour être distribués en prix.

Série C

ART DE L'INGÉNIEUR
PONTS ET CHAUSSÉES, CONSTRUCTIONS CIVILES, CHEMINS DE FER

1. — Guy (P.-G.), ancien élève de l'Ecole polytechnique, officier d'artillerie. — Guide pratique du **GÉOMÈTRE ARPENTEUR**, comprenant l'arpentage, le nivellement, le levé des plans et le partage des propriétés agricoles, avec un appendice sur le calcul des solides; 3ᵉ édition, entièrement refondue. 1 vol. de 272 pages et 183 figures . . 4 fr.

L'auteur, en publiant cet ouvrage, a eu pour intention d'en faire un *vade-mecum* utile aux ingénieurs, aux conducteurs des ponts et chaussées, aux agents voyers, géomètres, arpenteurs, etc. Son format portatif permet de pouvoir le consulter sur le terrain; il est un abrégé d'un grand nombre d'ouvrages encombrants, dont il présente toutes les données nécessaires pour connaître et vérifier la contenance des pièces de terre, pour en construire un plan exact, ce qui évitera aux propriétaires et aux fermiers des procès ruineux et ce qui leur permettra aussi d'étudier avec fruit les améliorations qu'ils voudraient apporter dans la culture de leurs terres.

2-3. — Birot (F.), ingénieur civil, ancien conducteur des ponts et chaussées. — Guide pratique du **CONDUCTEUR DES PONTS ET CHAUSSÉES** et de l'**AGENT VOYER**. Principes de l'art de l'ingénieur, comprenant: plans et nivellements, routes et chemins, ponts et aqueducs, travaux de construction en général et devis. 4ᵉ édition, revue et augmentée.

Première partie. — **ROUTES.** — 1 vol. accompagné de 12 planches doubles, contenant 99 figures. . . . . . . 4 fr.

Deuxième partie. — **PONTS.** — 1 vol. accompagné de 8 planches doubles, contenant 44 figures. . . . . 4 fr.

Nous allons donner un extrait de la table des matières de ces volumes, devenus le *vade-mecum* des agents des ponts et chaussées.

Première partie. — *Chap. Iᵉʳ.* — Tracé et mesure des lignes. Arpentage proprement dit. Mesure des angles. Levé à l'échelle. Instruments. — *Chap. II.* Objets du nivellement. Niveaux de différents systèmes. Stadia. — *Chap. III.*

Classification des routes. Projets. De la forme générale des routes. Tracé des courbes. Tables diverses. — *Chap. IV.* Construction des chaussées. Entretien des routes. Déblais et remblais.

Deuxième partie. — *Chap. I.* Ponts et aqueducs. Ponceaux. Murs de soutènement. Parapets. Voûtes biaises. Sondages. Pieux. Pilotis. Palplanches. Enrochements. — *Chap. II.* Des cintres et des ponts en charpente. — *Chap. III.* Études des matériaux employés dans les constructions. — *Chap. IV.* Du métrage et du devis. Avant-métré d'un aqueduc, d'un ponceau, etc.

L'auteur a terminé par le programme d'admission pour l'emploi de conducteur.

4. — CORNET (G.), répétiteur à l'École centrale des arts et manufactures de Paris. — **ALBUM DES CHEMINS DE FER**, résumé graphique du cours professé à l'École centrale des arts et manufactures. 4ᵉ édition, 1 vol. texte et 74 planches gravées sur acier. . . . . 10 fr.

5. — VIOLLET-LE-DUC. — ⁂ Comment on construit une **MAISON**, 1 vol. de 324 pages, orné de 62 dessins par l'auteur. . . . . 4 fr.

Extrait de la table des matières. — Plantation de la maison et opérations sur le terrain. — La construction en élévation. — La visite au chantier. — — L'étude des escaliers. — Ce que c'est que l'architecture. — Études théoriques. — La charpente. — La fumisterie. — La menuiserie. — La couverture et la plomberie. — L'inauguration de la maison.

6. — VIOLLET-LE-DUC. — Introduction à l'étude de l'**ARCHITECTURE**. (*En préparation.*)

8. — FROCHOT (Alexis), sous-inspecteur des forêts, etc. Guide théorique et pratique de **CUBAGE** et d'**ESTIMATION DES BOIS**, à l'usage des propriétaires, régisseurs, marchands de bois, gardes forestiers, etc., etc. 1 vol., 160 pages et tableaux, 14 fig. et une planche graphique donnant les tarifs de cubage des arbres sur pied et des arbres abattus . . . . 4 fr.

Extrait de la table des matières. — **Cubage des bois abattus.** Bois en grume, bois ronds, bois méplats, bois équarris, bois de feu ; exécution des calculs de cubage. — **Cubage des bois sur pied.** — Mesures des hauteurs : 1° au dendromètre ; 2° à vue d'œil ; 3° mesure des diamètres. — Cubage des résineux. — **Estimation des bois sur pied en matière**, bois de charpente, étais, perches de mines, poteaux télégraphiques, sciage, traverses de chemins de fer, bois de fente, bois de feu, écorces, frais de transport et d'exploitation. — Estimation en argent. — **Estimation des forêts en fonds et superficie.** — Exposé de la méthode, bois susceptibles de revenus égaux et périodiques, bois donnant des revenus inégaux. — Procédés de calculs à employer. — Applications, tarifs linéaires, renseignements bibliographiques etc., etc.

Figure spécimen de *Comment on construit une maison*. (Voir page 24.)

9. — PERNOT (L.-P.), officier de la Légion d'honneur, architecte-vérificateur des travaux publics. —✴Guide pratique du **CONSTRUCTEUR**. Dictionnaire des mots techniques employés dans la construction, à l'usage des architectes, propriétaires, entrepreneurs de maçonnerie, charpente,

serrurerie, couverture, etc., renfermant les termes d'architecture civile, l'analyse des lois de voirie, des bâtiments, etc. Troisième édition, corrigée, augmentée et entièrement refondue, par C. TRONQUOY, ingénieur civil, et ROCHET, architecte, 1 vol.. . . . . 5 fr.

---

10. — DEMANET (A.), lieutenant-colonel honoraire du génie, membre de l'Académie royale de Belgique, etc. ✳ Guide pratique du **CONSTRUCTEUR**. — **MAÇONNERIE**, 1 vol., 252 pages, avec tableaux, accompagné de 20 planches doubles renfermant 137 figures gravées sur acier par CHAUMONT. . . . . 5 fr.

Ce guide, écrit par M. Demanet, qui a professé un cours de construction à l'École militaire de Bruxelles, emprunte une grande autorité à l'expérience et à la position qu'occupait l'auteur. Les 20 planches qui accompagnent le texte sont gravées avec une grande exactitude.

Extrait de la table des matières :

Des tracés. — Des mortiers et mastics. — Des appareils. — De l'exécution des maçonneries. — Échafaudages et cintres. — Outils et appareils. — Décintrements, charges, jointoiement. — Des épaisseurs à donner aux maçonneries. — Évaluations des travaux de maçonnerie. — Travaux divers. — Travaux d'entretien et de restauration. — De l'organisation des chantiers, etc.

19-20.—BOUNICEAU, ingénieur en chef des ponts et chaussées. — Études et notions sur les **CONSTRUCTIONS A LA MER**, 1 vol. VIII-421 pages et atlas de 44 pl. in-4°, dont plusieurs doubles. . . . . 18 fr.

Cet ouvrage est le résumé d'études longues et consciencieuses d'un des ingénieurs en chef les plus distingués du corps national des ponts et chaussées. M. Bouniceau a attaché son nom à des travaux d'une haute importance. Son travail devra être médité par tous ceux qu'intéressent les nouveaux développements que doivent prendre les constructions conçues en vue d'améliorer les ports de mer et les ouvrages nécessaires à la préservation des côtes. L'atlas qui accompagne ces Études est remarquable sous le rapport du choix des planches et de leur exécution. L'auteur dans sa préface dit : « Notre livre n'est pas un guide pratique, il est composé de notions et d'études, c'est un ensemble qui présente un programme complet sur la matière. »

Nous qui analysons le livre de M. Bouniceau, nous croyons qu'il est trop modeste et que certainement il n'y a pas un ingénieur chargé de travaux à la mer qui n'aura intérêt et profit à consulter cet ouvrage dont nous nous contenterons de donner le sommaire des chapitres pour en mieux faire connaître la portée.

Définitions et préliminaires. — Avant-ports. Bassins. Darses. — *Môles ou brise-lames.* — Môles à claire-voies. Môles anciens. Môles modernes. — *Jetées.* Ports à marée. Cheneaux. Dragues. Musoirs. Remorquage à vapeur dans les cheneaux. — *Ports d'échouage :* Épaisseur des quais. Écluses. Portes d'èbe et de flot. Manœuvre des portes. Pose des portes. Ponts sur les écluses. *Bassins à flot :* leur forme, leur largeur, leur superficie. Valeur des places à quai. — *Nettoyage des ports.* — *Ouvrages pour la construction et le radoubage des navires :* Cales de construction. Cales de débarquement. Machines élévatoires. — *Ports dans les rivières à marée.* — *Canaux maritimes.* — *Ouvrages à l'issue des ports de commerce.* Phares. Phares en fer sur pieux à vis. Phares flottants. Feux de port. Bouées, balises. — *Matériaux de construction. Mortiers.* Pierres, sables, chaux et ciments. Fabrication des mortiers. Briques, bois. Fondations par épuisement. Fondations mixtes sur pilotis. Fondations en rade.

21-22. — Émion (Victor). — Traité de l'**EXPLOITATION DES CHEMINS DE FER**, ouvrage composé de deux parties, précédé d'une préface par M. Jules Favre, ensemble 787 pages.

    Première partie. — **VOYAGEURS ET BAGAGES.** .   4 fr.
    Deuxième partie. — **MARCHANDISES.** . . . . . .   4 fr.

Aujourd'hui que tout le monde voyage, le manuel de M. V. Emion est devenu un guide indispensable. Il fait connaître à chacun ses droits et ses devoirs vis-à-vis des compagnies : il prend le voyageur chez lui, le mène à la gare, le suit à son départ, pendant sa route, à son arrivée, et le ramène à son domicile ; il prévoit toutes les difficultés, toutes les contestations, et en donne la solution fondée sur la loi, les règlements, la jurisprudence et l'équité.

Dans la seconde partie, M. Emion traite avec beaucoup de détails l'organisation du service des marchandises, les tarifs, les formalités exigées pour la remise des marchandises en gare, l'expédition, la livraison, enfin tout ce qui concerne les actions à intenter aux compagnies, soit pour avaries, soit pour retard, perte, négligence, etc.

---

25. — Vanalphen, métreur vérificateur spécial de serrurerie. — Manuel calculateur du **POIDS DES MÉTAUX** employés dans les constructions, contenant : 1° les tableaux de la classification nouvelle des fers unis divers, des feuillards et de la tôle ; 2° 36 tableaux de poids de 1,100 échantillons divers de fers unis ; 3° 5 tableaux de poids de 25 épaisseurs de tôle ; 4° 14 tableaux de poids de toutes les fontes employées journellement dans les bâtiments, avec divers renseignements très utiles à consulter ; 5° 9 tableaux de poids de plomb, zinc et cuivre rouge, avec un appendice contenant : 1° le poids par mètre carré de feuille de divers métaux ; 2° le poids d'un mètre linéaire de fer (fers plats et carrés, fers ronds et carrés) ; 3° le poids des zincs laminés minces. (*Épuisé.*)

---

27. — Perdonnet. — **Notions générales** sur les **CHEMINS DE FER.** 1 volume. (*Épuisé.*)

Série D

MINES ET MÉTALLURGIE, GÉOLOGIE,

HISTOIRE NATURELLE

1. — Dana. — **MANUEL DU GÉOLOGUE,** traduit et adapté de l'anglais, par W. Houtlet. 1 vol. de 294 pages orné de 363 figures . . . . 4 fr.

Table des Matières. — *Introduction. — Géologie physiographique.* — Traits généraux de la surface terrestre. — Système des formes terrestres. — *Géologie lithologique.* — Constitution des Roches. — Condition et structure des masses rocheuses. — Règne animal. — Règne végétal. — *Géologie historique.* — Age archéen. — Temps paléozoïque. — Temps mésozoïque. — Temps cénozoïque — Ere de l'intelligence. — *Observations générales sur l'histoire géologique.* — Durée des temps géologiques. — Progrès de la vie. — *Géologie dynamique.* — Vie. — Atmosphère. — Eau. — Chaleur. — Mouvements dans la croûte terrestre et leurs conséquences. — *Appendice.* — Instruments de géologie. — Échantillons.

3. — D. L. — Guide pratique de **MÉTALLURGIE** ou exposition détaillée des divers procédés employés pour obtenir des métaux utiles, précédé du Dictionnaire des mots techniques employés en métallurgie et de l'essai de la préparation des minerais. 1 vol. XV-350 p. et 8 pl. in-4 gravées sur cuivre comprenant plus de 100 fig. . . . . 4 fr.

Extrait de la table des matières : Définition et aperçu de l'histoire de la métallurgie. — Vocabulaire des mots techniques métallurgiques. — Première partie. — *De l'essai des minerais.* — Des essais mécaniques par la voie sèche, la voie humide, d'or, d'argent, de platine, de fer, de cuivre, de zinc, d'étain, de plomb, de plomb argentifère par la coupellation, de mercure, d'antimoine, d'arsenic, de bismuth. — Deuxième partie. — *De la préparation et du traitement des minerais.* — I. De la préparation des minerais; triage, criblage, bocardage, lavage, grillage. — II. Traitement métallurgique des minerais d'or, d'argent, de platine, de fer, de cuivre, de zinc, d'étain, de plomb, de mercure, antimoine, arsenic, bismuth, etc. — Préparation mécanique. — Amalgamation, etc., etc.

Figure spécimen du *Manuel du Géologue*. (Voir page 28.)

4. — FAIRBAIRN (William), ingénieur civil, membre de la Société royale de Londres, correspondant de l'Institut de France, etc.—*Guide pratique du métallurgiste*. **LE FER**, son histoire, ses propriétés et ses différents procédés de fabrication, ouvrage traduit de l'anglais, avec l'approbation de l'auteur, et augmenté de notes et d'un appendice, par M. Gustave MAURICE, ingénieur civil des mines, secrétaire de la rédaction du Bulletin de la Société d'encouragement. 1 vol., 331 pages et 68 figures dans le texte . . . . . 4 fr.

Depuis longtemps, le nom de M. Fairbairn fait autorité dans l'industrie du fer. Après avoir tracé l'histoire des progrès de la fabrication du fer, l'auteur donne les analyses des minerais et des combustibles dans leurs rapports avec les résultats des différents procédés de fabrication : il saisit cette occasion pour donner la description des fourneaux, machines, etc., employés dans la métallurgie du fer.

M. Maurice a complété cette traduction par des notes et un appendice. Il a éliminé tout ce que le texte original pouvait présenter de trop laconique ou de trop exclusivement rédigé en vue de la métallurgie anglaise. Parmi ces appendices, on remarque ceux concernant les procédés Bessemer et les notes sur la résistance des tubes à l'écrasement.

Extrait de la table des matières. — Histoire de la fabrication du fer. — Les minerais des différentes parties du monde.— Les combustibles : charbon de bois, tourbe, coke, houille. — Production des combustibles dans le monde ertior. — Réduction des minerais. — Transformation de la fonte en fer. — Des machines employées pour forger le fer. — La forge. — Le procédé Bessemer.— Fabrication de l'acier. — Trempe et recuite de l'acier. — De la résistance et des autres propriétés mécaniques de la fonte, du fer et de l'acier. — Composition chimique de la fonte. — Statistique de l'industrie sidérurgique, etc.

5. — DESSOYE (J.-B.-J.), ancien manufacturier. — Guide pratique de l'**EMPLOI DE L'ACIER**, ses propriétés, avec une introduction et des notes par Ed. GRATEAU, ingénieur civil des mines. 1 vol. de 303 pages . . . . 4 fr.

Ce livre constitue une véritable monographie de l'acier. M. Dessoye prend l'art de fabriquer l'acier à son origine et nous montre ses progrès. Il signale la nature et les propriétés natives de l'acier, en indique les différents modes d'élaboration et termine son guide par une étude sur l'emploi de l'acier dans les manipulations qu'on lui fait subir. Comme le fait remarquer M. Grateau dans sa savante introduction, ce livre s'adresse à tous ceux qui sont appelés à acheter et à consommer de l'acier d'une qualité quelconque, sous toute forme, et il devra être consulté par tous les praticiens.

Extrait de la table. — Considérations préliminaires. — Etudes historiques sur la fabrication de l'acier. — Etudes générales sur l'existence des propriétés natives. — Etudes sur l'emploi de l'acier, considéré dans ses propriétés caractéristiques. — De l'emploi de l'acier considéré dans les manipulations qu'on lui fait subir.

6. — LANDRIN (H.-C. fils), ingénieur civil, **TRAITÉ DE L'ACIER**, théorie métallurgique, travail pratique, propriétés et usages, 1 vol., 312 p. avec figures . . . . 5 fr.

Les deux ouvrages de MM. Landrin et Dessoye se complètent l'un par l'autre. Ils donnent au complet la fabrication et l'emploi de l'acier. Nous avons dit, en parlant de celui de M. Dessoye, en quoi consistait son étude ; nous allons, par un extrait de la table des matières du livre de M. Landrin, indiquer en quoi il complète le précédent. — Histoire de l'acier, sa découverte, sa métallurgie dans l'antiquité et dans les différentes contrées. — De la chaleur, de l'oxygène, du soufre, de la chaux, des minerais de fer, des combustibles. — De l'acier et de sa théorie. — Théorie de Réaumur, docimasie. — Métallurgie, acide naturel, acier de fonte, acier puddlé, acier cimenté, acier de fusion, acier du Wootz.

Nouveaux procédés : Procédé Chenot, procédé Bessemer, procédé Taylor, procédé Uchatuis, acier damassé. *Etoffes* : Travail de l'acier, raffinage, soudure, recuit à la forge, trempe, recuit à la trempe, écrouissage. *Propriétés de l'acier* : Des limes, du fil d'acier, des aiguilles, tôle d'acier, des scies.

7. — AGASSIZ et GOULD. — Manuel du **NATURALISTE.** (**ZOOLOGIE.**) — Traduit par Elisée Reclus. 1 volume. (*En préparation.*)

11. — TISSIER (Charles et Alexandre), chimistes-manufacturiers. — Guide pratique de la **RECHERCHE**, de l'**EXTRACTION** et de la **FABRICATION** de l'**ALUMINIUM** et des **MÉTAUX ALCALINS**. Recherches techniques sur leurs propriétés, leurs procédés d'extraction et leurs usages. 1 vol., 226 pages, 1 pl. et fig. dans le texte. 3 fr.

Les notions sur l'aluminium se trouvaient disséminées dans des recueils nombreux publiés en France et à l'étranger. Les auteurs de ce guide ont eu l'idée de faire de ces notions éparses un tout homogène dans lequel, après avoir retracé l'historique de la préparation des métaux alcalins, ils esquissent l'histoire de la préparation de l'aluminium. Des chapitres spéciaux sont consacrés à la fabrication industrielle et aux propriétés physiques et chimiques de ce nouveau métal qui a conquis très rapidement une grande place dans l'industrie.

12. — GUETTIER (A.), ingénieur, directeur de fonderies, etc. Guide pratique des **ALLIAGES MÉTALLIQUES**. 1 vol. VII-342 pages. . . . . 3 fr.

Après avoir donné quelques explications préliminaires sur les propriétés physiques et chimiques des métaux et des alliages, l'auteur examine au point de vue des alliages entre eux les métaux spécialement industriels, c'est-à-dire d'un usage vulgaire très répandu (cuivre, étain, zinc, plomb, fer, fonte, acier). Il donne ensuite quelques indications générales sur les métaux appartenant aux autres industries, mais n'occupant qu'une place secondaire (bismuth, antimoine, nickel, arsenic, mercure), et sur des métaux riches appartenant aux arts ou aux industries de luxe (or, argent, aluminium, platine); enfin, il envisage les métaux d'un usage industriel restreint, au point de vue possible de leur association avec les alliages présentant quelque intérêt dans les arts industriels.

15. — DRAPIEZ (M.). — Guide pratique de **MINÉRALOGIE USUELLE**. Exposition succincte et méthodique des minéraux, de leurs caractères, de leur composition chimique, de leurs gisements, de leur application aux arts et à l'industrie. 1 vol, 504 pages. . . . . 3 fr.

A la lucidité des définitions et à la simplicité de la méthode d'exposition, ce guide joint un mérite qui n'échappera pas aux hommes pratiques ; il contient la description des 1,500 espèces minérales dont il analyse les caractères distinctifs, la forme régulière et la forme irrégulière, les propriétés particulières, les compositions chimiques et les synonymies, les gisements, les applications dans les arts, dans l'industrie, etc.

18. — MALO (Léon), ingénieur civil, ancien élève de l'École centrale. — Guide pratique pour la fabrication et l'application de l'**ASPHALTE** et des **BITUMES**, 1 vol. III-319 pages, 7 planches . . . . 4 fr.

L'usage de l'asphalte et des bitumes se généralise. L'asphalte, après les ciments et les mortiers, vient prendre immédiatement sa place dans les constructions, et cependant il n'existait pas de traité pratique sur la fabrication et l'emploi de ces substances. Le livre de M. Malo comble cette lacune. Il abonde en renseignements intéressants non seulement pour les ingénieurs, mais aussi pour les autorités municipales. Ce guide pratique est accompagné de sept planches, dont quelques-unes de très grand format.

Extrait de la table des matières. — Définition, description historique de l'asphalte. — Nomenclature et régime des principales mines. — Extraction, préparation et cuisson. — Du bitume. — Manière d'employer l'asphalte. — Usages divers de l'asphalte. — Asphalte comprimé. — Notes et documents divers.

Série E

MÉCANIQUE, MACHINES MOTRICES

1. — LAFFINEUR (Jules). — Traité de la **CONSTRUCTION DES ROUES HYDRAULIQUES**, contenant tous les systèmes de roues en usage, les renseignements pratiques sur les dimensions à adopter pour les arbres tournants, les tourillons, les bras de roues hydrauliques, etc., etc. 1 vol.. 142 p., avec de nombreux tableaux et 8 planches   3 fr. 50

L'auteur démontre dans sa préface que le perfectionnement des machines motrices des usines est à la fois une nécessité d'intérêt général et privé. Dans son ouvrage, il recherche et il définit les principales conditions à remplir sous ce rapport, et il donne ensuite tous les détails relatifs à la construction des roues hydrauliques dans les meilleures conditions possibles.

Fidèle à la méthode qui lui est propre, M. Laffineur s'est surtout attaché à se faire comprendre par la simplicité des termes employés et par les nombreux exemples qu'il donne.

Les planches sont d'une grande netteté ; elles représentent tous les systèmes de roues en usage, roues à palettes, roues pendantes, roues en dessous et à aubes courbes, roues à augets, roues horizontales, roues à niveau constant, frein dynamométrique, etc.

---

2. — DU TEMPLE (Louis), capitaine de frégate en retraite. — Introduction à l'**ÉTUDE DE LA MÉCANIQUE**. 1 volume. (*En préparation.*)

---

6. — DINÉE (F.-G.), mécanicien de la marine, ex-élève de l'École des arts et métiers de Châlons-sur-Marne.—Traité pratique du tracé et de la construction des **ENGRENAGES**, de la vis sans fin et des cames. 1 vol., 80 p. et 17 pl.   3 50

Ce livre répond à un besoin, car depuis longtemps il manquait à toute bibliothèque industrielle ; c'est une œuvre de mécanique véritablement pratique.

Il se divise en trois chapitres :

1o Des courbes en usage dans la construction des engrenages ; 2o dimensions des détails et de l'ensemble des engrenages ; 3o tracé des engrenages, des vis sans fin, des cames.

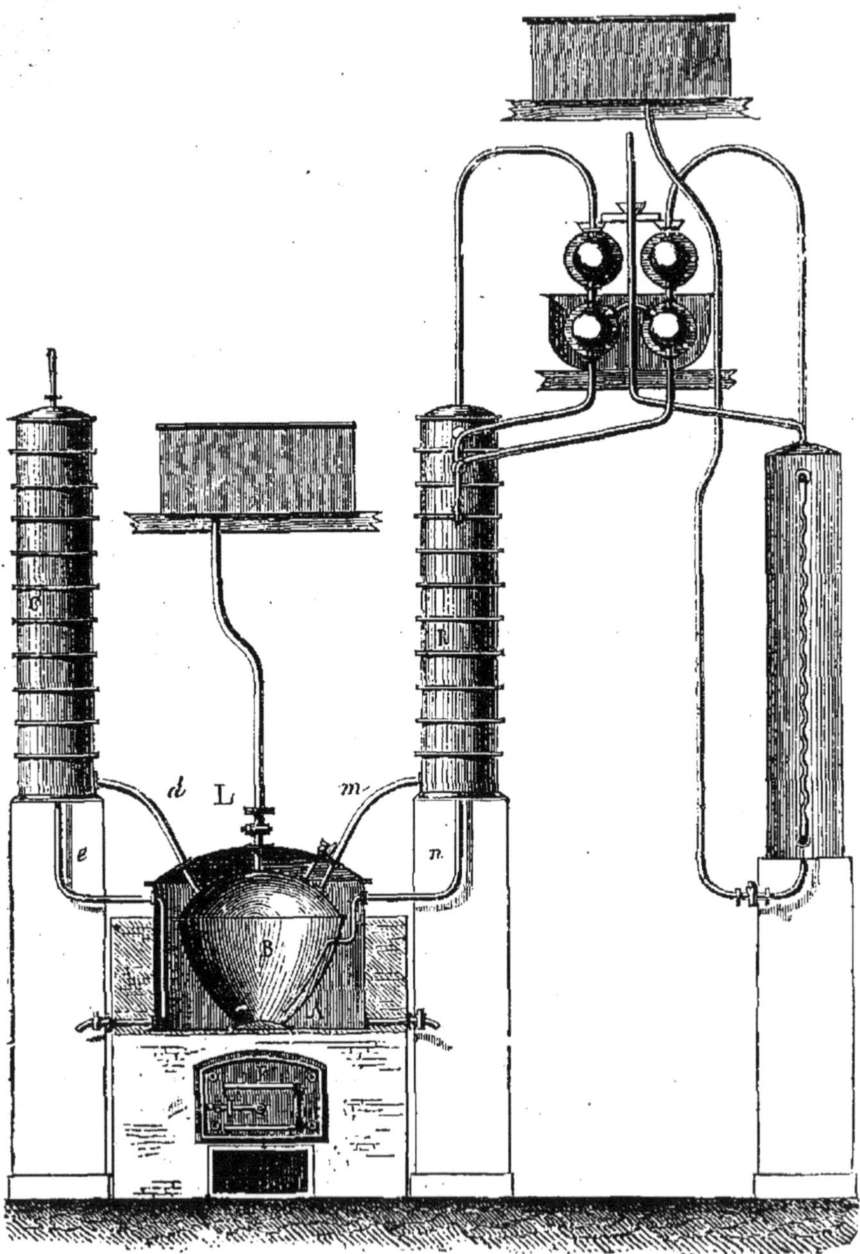

Figure spécimen du *Traité de la Culture et de l'Alcoolisation de la Betterave.*
(Voir page 36.)

Série F

PROFESSIONS MILITAIRES ET MARITIMES

1. — DONEAUD (Alph.), professeur à l'école navale. *Aide-mémoire de l'officier de marine* (marine militaire et marine marchande). — Notions pratiques de **DROIT MARITIME INTERNATIONAL ET COMMERCIAL**, 1 vol., 155 pages. . . . . 3 fr.

Les derniers traités de commerce ont augmenté dans des proportions considérables les relations internationales. Cet ouvrage de M. Doneaud devient donc d'une grande utilité pratique. Nous ajouterons que ce livre commence une série de volumes dont l'ensemble formera, dans notre bibliothèque, l'*Aide-mémoire* de l'officier de marine.

Extrait de la table des matières. — De la mer et des fleuves. — Droit international en temps de paix. — Droit commercial. — Droit maritime international en temps de guerre. — Documents officiels. — Bibliographie des principaux ouvrages à consulter pour le droit des gens en général, le droit international maritime et le droit commercial.

2. — BOUSQUET (Gustave), capitaine au long cours, ingénieur. — Guide pratique d'**ARCHITECTURE NAVALE** à l'usage des capitaines de la marine du commerce, appelés à surveiller les constructions et les réparations de leurs navires. 1 vol., VI-103 pages, avec figures dans le texte. 2 fr.

Dans la *première partie*, l'auteur traite de la connaissance des cales, c'est-à-dire l'endroit où doit être réparé le navire. — Droit et tour d'une pièce. — Ecarts. — Quille. — L'étrave. — L'étambot. — L'assemblage des couples, etc.

Dans la *deuxième partie*, nous avons les revêtements intérieurs. — La lisse. — Les carlingues. — Les livets. — Bauquières. — Barrots. — Epontilles, etc.

Puis les revêtements extérieurs. Précintes, bordées, bois étuvés, cheʋillage, clous, calfatage, panneaux ou écoutilles, etc.

Cet abrégé très sommaire des matières contenues dans ce volume suffira pour faire comprendre au commandant d'un navire marchand que sa lecture ne lui en sera que très profitable.

3. — TARTARA (J.), commissaire ordonnateur de la marine en Algérie. — Nouveau **CODE DES BRIS ET NAU-FRAGES**, ou sûreté et sauvetage maritime, publié avec l'autorisation du ministre de la Marine et des Colonies. 1 volume grand in-18 d'environ 400 pages . . . . . . 7 fr.

4. — STEERK (le major). — Guide pratique de la fabrication des **POUDRES ET SALPÊTRES**, avec un appendice sur les *feux d'artifice*, par M. SPILT. 1 vol., 360 pages, avec de nombreuses figures dans le texte . . . . . . 6 fr.

Dès les premières lignes de ce livre, on s'aperçoit que l'auteur est un homme compétent dans la matière qu'il traite, et qu'à l'étude dans le laboratoire, le major Steerk a joint l'expérience en grand. Dans ses données, tout est rigoureusement exact, et on peut accepter l'auteur comme guide, sans craindre de se tromper.

L'appendice sur les feux d'artifice résume en quelques pages les notions nécessaires pour la confection de ces feux.

Sommaire des chapitres. — *Première partie :* Soufre, salpêtre, bois. — Charbon : carbonisation par distillation, par vapeur, analyses des charbons. — Poudres : poudres de guerre, poudres de mine, poudres du commerce extérieur et poudres de chasse. — Epreuves. — Combustion des poudres, dosages, analyses.

Deuxième partie : Feux d'artifice. — Historique matières premières, produits chimiques, outils, cartonnages, cartouches, feux qui produisent leur effet sur le sol, feux qui le produisent dans l'air, sur l'eau, etc., feux de salon, feux de théâtre. Confection des principales pièces d'artifice.

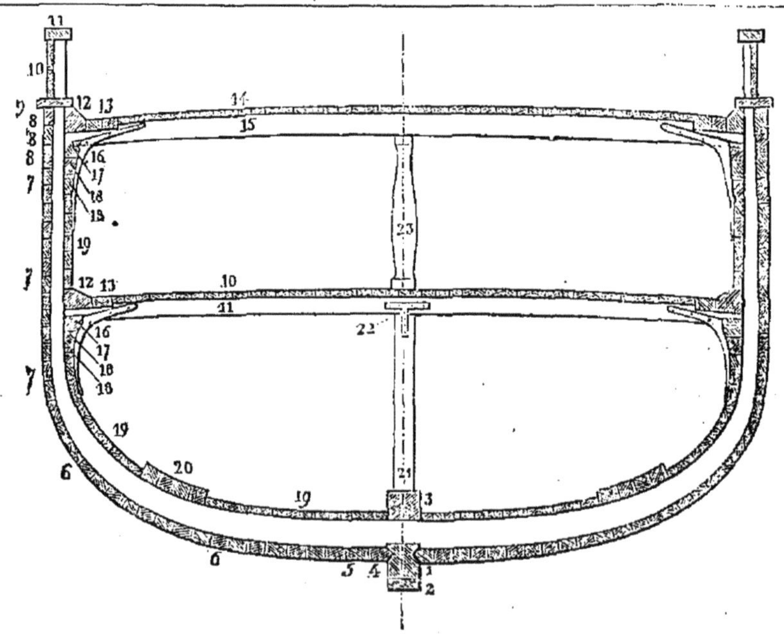

Figure spécimen du *Guide pratique d'architecture navale*. (Voir page 34.)

Série **G**

ARTS ET MÉTIERS, PROFESSIONS

INDUSTRIELLES

1.—Basset (N.).—Traité pratique de la **CULTURE** et de l'**ALCOOLISATION DE LA BETTERAVE**. Résumé complet des meilleurs travaux faits jusqu'à ce jour sur la betterave et son alcoolisation, renfermant toutes les notions nécessaires au cultivateur et au distillateur, ainsi que l'examen des méthodes de pulpation, de macération, de fermentation et de distillation employées aujourd'hui. 3e édition corrigée et considérablement augmentée. 1 vol. de 284 pages avec figures dans le texte . . . . 3 fr.

Avant de donner au public cette nouvelle édition, l'auteur avait étudié à fond les principales questions relatives à la culture, à la distillation de la betterave, afin d'apporter son contingent à la grande question de la transformation agricole, par les données que l'expérience lui a fournies. Il a voulu mettre sous les yeux des agriculteurs et des distillateurs les faits techniques, scientifiques et pratiques, dans la plus grande simplicité d'expression. Il examine avec impartialité les différents systèmes : Champenois, Kessler, Dubrunfaut, etc.

2. — Rouland (E.). — Nouveaux **BARÊMES DE SERRURERIE**. 1 vol.. . . . . 4 fr.

Extrait de la table des matières. — *Balcons* en barreaux de fer rond avec ou sans ornements, en barreaux de fer plats, en barreaux de fer carré. — *Grilles fixes* en barreaux de fer rond avec ou sans petits barreaux, avec ou sans ornements.— *Grilles ouvrantes* à deux vantaux avec ou sans petits barreaux, avec ou sans ornements. — *Portes* à un vantail et à deux vantaux en fer à T avec panneaux tôle. — *Poids des fers*, fers plats, carrés, ronds, T et cornières double T. — *Poids des tôles.*

3. — Dubief (L.-F.). — Guide pratique du **FÉCULIER** et de l'**AMIDONNIER**, suivi de la conversion de la fécule et de l'amidon en dextrine sèche et liquide, en sirop de glucose, sirop de froment, sirop impondérable; en sucre

de raisin, sucre massé, sucre granulé et cassonade, en vin, bière, cidre, alcool et vinaigre, ainsi que leur application dans beaucoup d'autres industries. 2e édition, 1 vol. de 267 pages, avec gravures dans le texte. . . . . . 4 fr.

Extrait de la table des matières. — Première partie. — Aperçu historique — Des substances qui contiennent la fécule. — Composition et conservation de la pomme de terre. — Extraction de la fécule. — Lavage, râpage, tamisage, épuration, séchage, blutage. — Des résidus de la pomme de terre. — Du blanchiment de la fécule. — Rendement de la pomme de terre en fécule. — Perfectionnements importants apportés au lavage, etc. — Conservation, vente et falsification. — Caractères et propriétés de la fécule.

Dans la deuxième partie, l'auteur donne la description des procédés à suivre pour fabriquer les amidons.

La troisième et dernière partie vient compléter les deux premières par les renseignements les plus récents.

Dans cet ouvrage, l'auteur s'est appliqué à dégager son texte de toute gêne scientifique; il a été clair et précis pour mettre son enseignement à la portée de toutes les instructions et de toutes les intelligences. Pour chaque sujet, il est entré dans des développements minutieux en indiquant souvent ces tours de mains si indispensables, et que seule, la pratique ordinairement peut apprendre.

4. — SOUVIRON (A.), professeur de technologie et d'histoire naturelle à l'Association polytechnique. — ※* Dictionnaire des **TERMES TECHNIQUES** de la science, de l'industrie, des lettres et des sciences. 1 vol. de 586 pages 6 fr.

5. — DROMART (E.), ingénieur civil. **CARBONISATION DES BOIS EN FORÊTS**. 1 vol. . . . . 4 fr.

Extrait de la table des matières : Bois. — Charbon de bois. — Carbonisation des meules en forêts. — Carbonisation des bois à goudron. — Appareils à vases clos. — Appareils à vapeur surchauffée. — Carbonisation des bois durs, des tiges de bruyère. — Analyse des charbons.

6. — ※ Guide pratique de l'**OUVRIER MÉCANICIEN**, ou la MÉCANIQUE DE L'ATELIER, par MM. Bonnefoy, Cochez, Dinée, Gibert, Guipont, Juhel et Ortolan, mécaniciens en chef et mécaniciens principaux de la marine de l'État. 1 vol. x-627 pages, nombreuses figures dans le texte et atlas de 52 planches. Texte et atlas . . . . 12 fr.

Extrait de la Préface. — L'*Ouvrier mécanicien* est un recueil de faits réunis sous la forme de calculs arithmétiques accessibles à toutes les personnes qui savent faire les quatre premières règles. Nous ne saurions trop recommander aux ouvriers qui ne sont plus familiarisés avec les signes et les annotations mathématiques élémentaires, de ne pas croire qu'il y a pour eux quelque difficulté à comprendre les formules écrites dans ce livre et à s'en servir. Les calculs qu'elles résument sous la forme la plus simple sont suivis d'un ou de plusieurs exemples d'application.

Les parties du texte imprimées en caractères plus forts contiennent les indications simples et précises sur le plus grand nombre de cas d'application de la mécanique aux professions industrielles. Ces indications proviennent de l'expérience des ingénieurs et des constructeurs en renom et de celle des auteurs du livre.

Les parties du texte imprimées en petits caractères traitent le côté plus théorique que pratique des questions. On peut se dispenser de les étudier, si on ne veut trouver dans l'*Ouvrier mécanicien* que le secours d'un formulaire pour l'application immédiate.

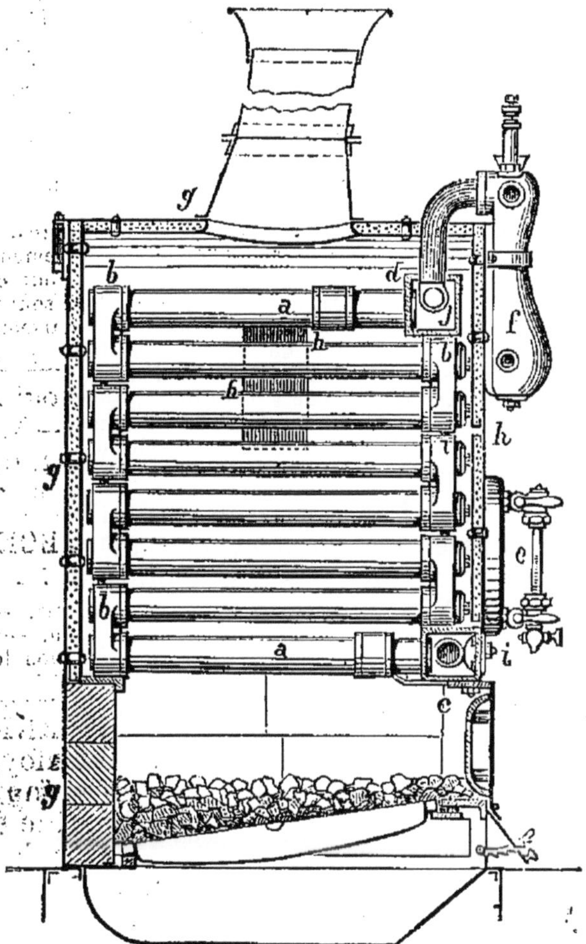

Figure spécimen du *Guide pratique de l'Ouvrier mécanicien*. (Voir page 37.)

Principales divisions de l'ouvrage: Arithmétique. — Algèbre pratique. — Géométrie pratique. — Mécanique élémentaire, forces, transformation des mouvements, résistance des matériaux. — Machines motrices à air, pompes, machines hydrauliques. — Machines à vapeur: de la chaleur, de la vapeur, condensateur, chaudières, données et renseignements divers.

Vingt-cinq tables numériques complètent les données pratiques sur les questions d'application. L'atlas comprend 52 planches.

7. — JAUNEZ, ingénieur civil.—Manuel du **CHAUFFEUR**. Guide pratique à l'usage des mécaniciens, des chauffeurs et des propriétaires de machines à vapeur; exposé des connaissances nécessaires, suivi de conseils afin d'éviter les explosions des chaudières à vapeur. 1 vol., 212 p., 37 fig. dans le texte et planches. . . . . 2 fr.

Cet ouvrage est spécialement destiné aux chauffeurs, comme l'indique son titre. Les bons chauffeurs pour l'industrie privée sont rares et, par conséquent, recherchés. Les personnes qui ont des machines à vapeur ne sont que trop souvent obligées d'employer pour chauffeurs des hommes qui manquent non seulement des connaissances indispensables pour remplir un tel emploi, mais quelquefois même de la moindre instruction pratique. Dans de telles circonstances, il y a évidemment danger, et c'est pourquoi nous avons publié cet ouvrage, afin qu'il soit mis dans les mains de tous les ouvriers qui, sans savoir le premier mot de la théorie de la chaleur ni de la mécanique, seront à même, après l'avoir lu attentivement, de conduire une machine à vapeur. Cet ouvrage doit être dans leurs mains comme un catéchisme qui viendra leur apprendre leur métier.

Extrait de la table des matières : — Pression de l'air. — Baromètre. — Compression de l'air. — Pompes. — Du calorique. — Thermomètre. — Quantité d'eau nécessaire à la condensation de l'eau. — De la vapeur d'eau, — Des moyens pour connaître la force de la vapeur. — Manomètre. — Soupapes de sûreté. — Conduite du feu. — Chaudière. — Giffard. — Incrustations et dépôts dans les chaudières. — Des soins et de l'entretien des machines à vapeur. — Résumé des moyens ayant pour but d'éviter les explosions. — Mise en marche des machines à vapeur. — Renseignements généraux, etc.

8. — VIOLETTE (H.), ancien élève de l'École polytechnique, commissaire des poudres et salpêtres, membre de plusieurs sociétés savantes.—Guide pratique de la **FABRICATION DES VERNIS**, nouvelle édition, revue, corrigée et complètement refondue, de l'ouvrage de M. TRIPIER-DEVAUX. 1 vol., 401 p., avec de nombreuses figures dans le texte. . . . . 6 fr.

Extrait de la préface. — Les vernis ne sont autres que des solutions de résines dans certains liquides. Ces liquides, qui sont ordinairement l'*éther*, l'*alcool*, l'*essence de térébenthine* et les *huiles*, donnent aux vernis qui en résultent des propriétés caractéristiques qui en déterminent l'usage. Cette désignation des liquides nous permet de diviser les vernis en quatre classes. — Vernis à l'éther. — Vernis à l'alcool. — Vernis à l'essence. — **Vernis gras.**

Cette division sera celle des quatre chapitres composant notre ouvrage : nous examinerons chaque classe successivement ; cet examen comprendra: 1o les propriétés physiques et chimiques, ainsi que la préparation du liquide employé à dissoudre les résines de cette classe ; 2o les propriétés physiques et chimiques, ainsi que l'origine des résines employées dans cette catégorie ; 3o la fabrication proprement dite des vernis, par le mélange des résines et liquides précédemment étudiés.

9. — CHATEAU (Th.), chimiste, ex-préparateur au Muséum d'histoire naturelle. — Guide pratique de la **CONNAIS-SANCE** et de l'**EXPLOITATION DES CORPS GRAS INDUS-**

TRIELS, contenant l'histoire des provenances, des modes d'extraction, des propriétés physiques et chimiques, du commerce des corps gras, des altérations et des falsifications dont ils sont l'objet, et des moyens anciens et. nouveaux de reconnaître ces sophistications. Ouvrage à l'usage des chimistes, des pharmaciens, des parfumeurs, des fabricants d'huiles, etc., des épurateurs, des fondeurs de suif, des fabricants de savon, de bougie, de chandelle, d'huiles et de graisses pour machines, des entrepositaires de graines oléagineuses et de corps gras, etc. 2° édition, augmentée d'un appendice. 1 vol., 413 pages ou tableaux. . . . 5 fr.

M. Chateau, en publiant la première édition de cet ouvrage, avait eu pour but de donner aux chimistes et aux manufacturiers une histoire aussi complète que possible des corps gras industriels employés tant en France qu'à l'étranger, et considérés au point de vue de leur provenance, de leur extraction, de leur composition, de leurs propriétés physiques et chimiques, de leur commerce et de leurs altérations spontanées ou frauduleuses.

Dans la nouvelle édition, M. Chateau a ajouté à sa monographie des corps gras un appendice renfermant quelques corrections indispensables et d'importantes additions.

10. — MULDER (G.-J.), professeur à l'Université d'Utrecht. Guide du brasseur ou l'**ART DE FAIRE LA BIÈRE**, traité élémentai e théorique et pratique. La bière, sa composition chimique, sa fabrication, son emploi comme boisson, traduit de l'allemand et annoté par L.-F. Dubief, chimiste, nouvelle édition revue et corrigée, par M. Ch. BAYE. 1 vol. . . . . 4 fr.

On a beaucoup écrit sur ce sujet. On compte cinq auteurs français, six anglais, six prussiens et un ouvrage d'un auteur italien; en outre, les revues périodiques et de petits opuscules restés inconnus. M. Mulder a tâché d'analyser tous ces écrits pour en tirer la quintessence en y apportant de son propre fond. C'est un travail consciencieusement écrit, fruit de laborieuses études dont le brasseur pourra faire son profit.

11. — DUBIEF (L.-F.), chimiste œnologue. — Traité de la fabrication des **LIQUEURS** françaises et étrangères sans distillation. 6° édition, augmentée de développements plus étendus, de nouvelles recettes pour la fabrication des liqueurs, du kirsch, du rhum, du bitter, la préparation et la bonification des eaux-de-vie et l'imitation de celles de Cognac, de différentes provenances, de la fabrication des sirops, etc., etc. 1 vol. 228 pages. . . . . 4 fr.

Ce traité est formulé en termes clairs et familiers; la personne la moins expérimentée dans l'art du distillateur qui en lira attentivement les préceptes pourra, sans aucun guide, devenir un bon fabricant après quelques essais.

Sommaire de quelques chapitres : — De la composition des liqueurs. —

Quantités d'alcool, de sucre et d'eau, pour les différentes classes de liqueurs.— Des teintures aromatiques. — Des infusions. — De la coloration des liqueurs. — Du mélange. — Du perfectionnement des liqueurs par le tranchage. — Du collage des liqueurs. — De la filtration. — De la conservation des liqueurs. — Règle générale pour bien opérer la fabrication des liqueurs. — Considérations à observer. — Des spiritueux aromatiques non sucrés. — Emploi des écumes et des eaux provenant du lavage des filtres. — Formules et préparations des sirops. — De l'alcool. — Du coupage ou mouillage des alcools. — Des eaux-de-vie. — Opérations d'eaux-de-vie à tous les titres avec les alcools d'industrie. — Résumé pour les liqueurs, les eaux-de-vie et les alcools. — Appendice. — L'auteur termine cet ouvrage par une liste des principaux marchés des eaux-de-vie, esprits, etc.

---

12. — Houzé (J.-P.). — Le livre des **MÉTIERS MANUELS**, répertoire des procédés industriels, tours de main et ficelles d'atelier, recettes nouvelles et inédites, méthodes abréviatives de travail recueillies en vue de permettre aux amateurs, manufacturiers, ouvriers des petites villes et des campagnes d'exécuter aussi bien que les ouvriers spécialistes de Paris tous les travaux usuels d'une utilité journalière. 1 vol. orné de 5 planches hors texte comprenant de nombreux dessins techniques. . . . . 5 fr.

---

13. — Merly (J.-F.), charpentier, entrepreneur de travaux publics, membre de la Société industrielle d'Angers, auteur de l'album du Trait théorique et pratique, etc. ☀ Le **LIVRE DE POCHE DU CHARPENTIER**, application pratique à l'usage des chantiers, des élèves des écoles professionnelles, etc. Collection de 140 épures, 1 vol. 287 pages de texte et planches en regard. . . . . 5 fr.

M. Merly n'est pas un savant qui doit s'efforcer d'oublier la technologie de l'école pour parler le langage ordinaire de la plupart de ses auditeurs; M. Merly est, au contraire, un ouvrier, un homme pratique, qui a cherché à se faire comprendre par les compagnons de travail auxquels il s'adressait, et qui est arrivé à des démonstrations si claires, à des explications si naturelles, que les théoriciens eux-mêmes ont bientôt eu à s'inspirer de ses travaux. Rien de plus net que ses dessins, rien de plus simple que ses préceptes: c'est en quelque sorte en se jouant qu'il arrive aux épures les plus compliquées. — C'est le résumé des cours faits par M. Merly à ses compagnons charpentiers. Il est écrit d'une façon tellement compréhensible que les propriétaires, à la campagne, pourront en prendre utilement connaissance et s'en servir pour diriger leurs travaux, lorsqu'ils ne trouveront pas sous la main des hommes de la profession.

---

14. — Fol (Frédéric), chimiste. — Guide du **TEINTURIER**. Manuel complet des connaissances chimiques indispensables à la pratique de la teinture. 1 vol., 430 pages et 90 figures dans le texte . . . . 8 fr.

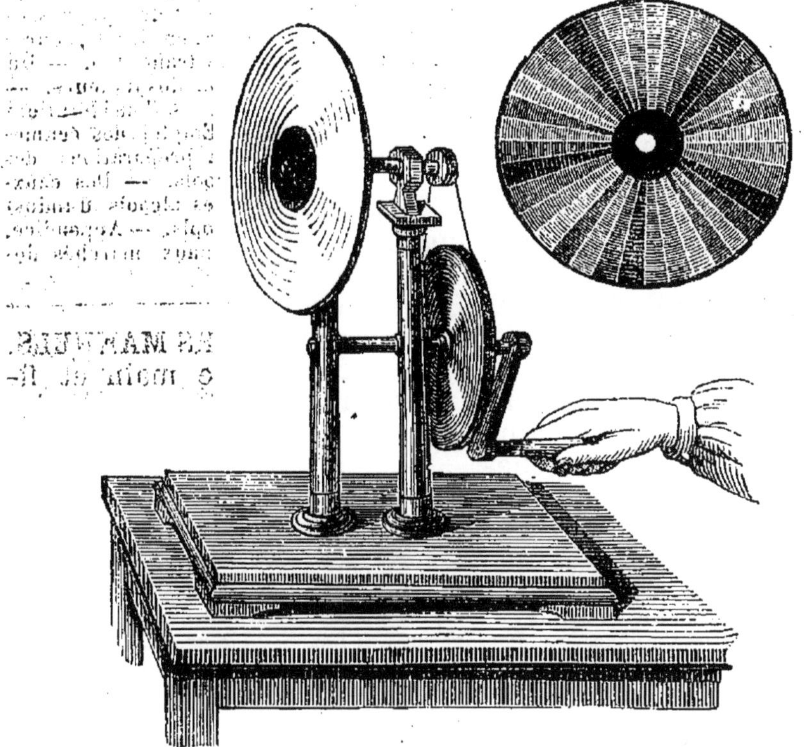

Figure spécimen du *Guide du Teinturier*. (Voir page 41.)

En publiant cet ouvrage, l'auteur s'est proposé de répandre dans la population ouvrière qui s'occupe des travaux de teinture les connaissances nécessaires des sciences sur lesquelles est basée cette industrie.

La teinture est aujourd'hui bien différente de ce qu'elle était il y a vingt ans. La chimie, en envahissant les usines, a chassé l'ancienne routine ; la mécanique, la physique et les sciences naturelles, de leur côté, ont aussi fait de grands progrès ; il est donc nécessaire que l'ouvrier et le contre-maître, qui souvent n'ont pas reçu une instruction suffisante, puissent se mettre au niveau des connaissances nécessaires pour bien exercer leur industrie; c'est ce qu'a voulu faire l'auteur en publiant ce livre ; il est dicté dans un style simple et facile à comprendre. Répandre les notions les plus importantes sous la forme la plus facile à saisir, telle a été la préoccupation constante de l'auteur.

15. — BARBOT (CH.), ancien joaillier, inventeur du procédé de décoloration du diamant brut, membre de plusieurs sociétés savantes. — Guide pratique du **JOAILLIER**, ou **TRAITÉ COMPLET DES PIERRES PRÉCIEUSES**, leur étude chimique et minéralogique, les moyens de les reconnaître sûrement, leur valeur approximative et raisonnée, leur emploi, la description des plus extraordinaires des chefs-

d'œuvre anciens et modernes auxquels elles ont concouru. 1 vol. avec 3 planches renfermant 178 figures représentant les diamants les plus célèbres de l'Inde, du Brésil et de l'Europe, bruts et taillés, et les dimensions exactes des brillants et roses en rapport avec leur poids, depuis un carat jusqu'à cent carats.
Nouvelle édition, 1 volume. . . . . 4 fr.

16. — LEROUX (Charles), ingénieur mécanicien, directeur de filature. — Traité pratique de la **LAINE PEIGNÉE, CARDÉE, PEIGNÉE ET CARDÉE**, contenant : 1ʳᵉ *partie*, mécanique pratique, formules et calculs appliqués à la filature : 2° *partie*, filature de la laine peignée, cardée peignée, sur la Mull-Jenny : 3° *partie*, filage anglais et français sur continu ; 4° *partie*, laine cardée. 1 vol., 400 p., 35 fig. dans le texte et 4 planches. . . . . 15 fr.

Extrait de la table des matières. — Choix d'un moteur. — Transmissions. — Arbres de couche. — Courroies. — Poulies. — Engrenages. — Frottements. — Force des moteurs. — Leviers. — Fabrication. — Triage des laines. — Caractères des laines. — Main-d'œuvre du triage. — Battage. — Nettoyage des laines. — Dessuintage. — Dégraissage. — Graissage des laines. — Disposition mécanique d'un assortiment de cardes. — Aiguisement des garnitures. — Bourrage des garnitures. — Cardages. — Passage au Gill-Box. — Lissage et dégraissage des rubans. — Peignage des laines. — Préparation des laines pour filage français. — Les différents passages. — Filage français sur Mull-Jenny.

17. — COURTEN (comte Ludovico de), photographe. Manuel pratique de **COLLODION SEC AU TANIN** et de tirage économique des épreuves positives, suivi d'une étude sur la rectitude et le parallélisme des lignes en photographie. 1 vol., 150 p., avec fig. dans le texte et une très belle photographie. . . . . 4 fr.

18. — PROUTEAUX (A.), ingénieur civil, ancien élève de l'École centrale des arts et manufactures, directeur de fabrique. — Guide pratique de la **FABRICATION DU PAPIER ET DU CARTON**. 1 vol., 273 pages, 7 pl. (*En réimpression*).

19. — La **CHARCUTERIE** pratique. 1 vol. avec figures dans le texte. (*En préparation.*)

20. — LUNEL (le docteur B.). — Guide pratique du **PARFUMEUR**. Dictionnaire raisonné des **COSMÉTIQUES** et **PARFUMS**, contenant : la description des substances employées en parfumerie, les altérations ou falsifications qui peuvent les dénaturer, etc., les formules de plus de 500

préparations cosmétiques, huiles parfumées, poudres den-
tifrices dilatoires, eaux diverses, extraits, eaux distillées,
essences, teintures, infusions, esprits aromatiques, vinai-
gres et savons de toilette, pastilles, crèmes, etc., avec des
considérations hygiéniques sur les préparations cosmétiques qui peuvent offrir des dangers dans leur emploi.
1 vol. rédigé sous forme de dictionnaire avec un appendice XXVII-340 pages. . . . . 4 fr.

La parfumerie est une industrie qui, bien comprise et loyalement faite, se
rattache d'un côté à l'hygiène et de l'autre est destinée à satisfaire des goûts
et des sensations commandées par le luxe et une civilisation plus ou moins
avancée.

M. Lunel divise la fabrication en trois classes : fabrique de parfumerie à bon
marché, fabrique dont les produits sont coûteux, et enfin les fabriques mixtes,
dans les vastes magasins desquelles ont trouve aussi bien les produits ordinaires que les produits extra-fins.

M. Lunel donne des renseignements précieux sur toutes ces préparations, et
son livre a cela de précieux qu'il donne toutes les formules et les secrets de la
fabrication.

---

21. — MARÉCHALERIE-FERRURE. 1 vol. (*En préparation.*)

---

22. — Guide pratique de l'OUVRIER ÉLECTRICIEN.
1 vol. (*En préparation.*)

**23. — Moreau (L.), bijoutier et dessinateur. — Guide
pratique du BIJOUTIER.** Application de l'harmonie des
couleurs dans la juxtaposition des pierres précieuses, des
émaux et de l'or de couleur. 1 volume, 108 p., avec
2 planches coloriées. . . . . 2 fr.

Ce petit livre est une protestation hardie contre l'esprit de routine. L'auteur
a réuni les données fournies par la science sur l'harmonie et le contraste des
couleurs, et comparant ces données aux observations faites dans la pratique du
métier, il a formé une théorie applicable à la bijouterie.

---

24. — Pelouze. — MAITRE DE FORGE. 1 vol. (*Épuisé.*)

---

31. — Laffineur (Jules), ingénieur civil et agronome,
membre de plusieurs Sociétés savantes. — Guide pratique
d'**HYDRAULIQUE URBAINE ET AGRICOLE.** Traité complet
de l'établissement des conduites d'eau pour l'alimentation
des villes, bourgs, châteaux, fermes, usines, et comprenant
les moyens de créer partout des sources abondantes d'eau
potable. 1 vol. . . . . 2 fr.

---

33. — Bastenaire. — L'art de fabriquer la PORCELAINE.
1 volume. (*Épuisé.*)

34. — BASTENAIRE. — L'Art de fabriquer la FAIENCE. 1 volume. (*Épuisé.*)

44. — LUNEL (le docteur B.). — Guide pratique de **l'ÉPICERIE** ou Dictionnaire des denrées indigènes et exotiques en usage dans l'économie domestique, comprenant : l'étude, la description des objets consommables; les moyens de constater leurs qualités, leur nature, leur valeur réelle; les procédés de préparation, d'amélioration et de conservation des denrées, etc.; contenant, en outre, la fabrication des liqueurs, le collage des vins, les moyens de guérir leurs maladies, etc.; enfin les procédés de fabrication d'une foule de produits que l'on peut ajouter au commerce de l'épicerie. 1 volume, 256 pages . . . 3 fr.

Le commerce de l'épicerie et des denrées indigènes et exotiques d'un usage journalier est l'un des plus importants et des plus utiles pour la société. Il était regrettable que cette branche si étendue du commerce n'ait pas encore son livre spécial. Sans doute on trouve dans nombre d'ouvrages l'histoire des denrées indigènes et exotiques. Réunir sous forme de dictionnaire toutes ces données éparses, afin de faciliter les renseignements, tel a été le but que s'est proposé le docteur Lunel en publiant son livre sur l'épicerie.

48. — MONIER (E.), ingénieur chimiste, ancien élève de l'École centrale des arts et manufactures. — Guide pour **l'ESSAI** et **l'ANALYSE DES SUCRES** indigènes et exotiques, à l'usage des fabricants de sucre. Résultats de 200 analyses de sucres classés d'après leur nuance. 1 vol., 96 pages avec figures dans le texte et tableaux . . . . 3 fr.

L'auteur, après avoir rappelé les propriétés générales des substances saccharifères, donne les méthodes les plus simples qui permettent de doser avec précision ces mêmes substances. Quelques notes sur l'altération et le rendement des sucres soumis au raffinage terminent le travail de M. Monier, dont M. Payen a fait un éloge mérité devant l'Académie des sciences.

51. — DUBIEF (L.-F.)—Traité complet de **VINIFICATION** ou **ART DE FAIRE DU VIN** avec toutes les substances fermentescibles, en tout temps et sous tous les climats. 1 vol., 388 pages. . . . . 6 fr.

Volume contenant : les moyens de remédier à l'intempérie des saisons relativement à la maturité du raisin. Le tableau des phénomènes de la fermentation et le meilleur moyen de la produire et de la diriger; les moyens particuliers de faire fermenter les marcs provenant de l'égrapillage du raisin et refermenter ceux qui ont déjà été fermentés; de procurer au vin plus de qualité par une seconde fermentation; de le vieillir sans faire de coupage, par des procédés simples et faciles; de lui enlever le goût de terroir, comme aussi d'obtenir des marcs de raisin, de l'alcool, de l'huile, de l'acide tartrique, etc. ; *et suivi* : des procédés de fabrication des vins mousseux, des vins de liqueurs, vins de fruits et vins factices, les soins qu'exigent leur gouvernement et leur conservation, es principes pour la dégustation et l'analyse des vins, etc., etc.

Série **H**

AGRICULTURE, JARDINAGE, HORTICULTURE, EAUX ET FORÊTS, CULTURES INDUSTRIELLES, ANIMAUX DOMESTIQUES, APICULTURE, PISCICULTURE, ETC.

1. — Gobin (A.). — Guide pratique d'**AGRICULTURE GÉNÉRALE**. 1 vol., X-448 pag. avec fig. dans le texte. (*En réimpression.*)

Extrait de la table des matières. — *Chap. Ier.* Considérations générales sur l'atmosphère et les climats : l'air, la lumière, l'électricité, la chaleur, le froid, la gelée, le dégel et la neige, les vents, les orages, la grêle, le brouillard, les nuages, la pluie, les différents climats. — *Chap. II.* Principes constituants du sol, analyse chimique des sols, des différentes formations géologiques. Des terres : terres calcaires, argileuses, siliceuses, etc. — *Chap. III.* Les instruments de l'agriculture. Les moteurs : l'eau, le vent, l'homme, le cheval, la vapeur. — *Chap. IV.* Engrais et amendements. — *Chap. V et VI.* Considérations générales sur la culture des plantes, la semaison, la récolte, l'emmagasinage, etc. Enfin l'auteur termine par des considérations et des renseignements sur l'administration rurale.

2. — Grimard (E.). — ※ Manuel de l'**HERBORISEUR**. Comment on devient botaniste. — Clefs analytiques. — Description des genres et des espèces, suivie d'un vocabulaire. 1 vol., 670 pages. . . . . 5 fr.

3. — Laffineur (Jules), ingénieur civil et agronome, membre de plusieurs sociétés savantes. — Guide pratique de l'**INGÉNIEUR AGRICOLE**. Hydraulique, dessèchement, drainage, irrigation, etc.; suvi d'un appendice contenant les lois, décrets, règlements et instructions ministérielles qui régissent ces matières, etc. — 1 vol., 266 pages, avec figures et 3 planches . . . . 3 fr.

Extrait de la table. — Classification des terrains. — Travaux de dessèchement, évaporation, infiltration. — Jaugeage des sources, des ruisseaux et rivières. — Tracé des canaux. — Description des procédés de dessèchement, colmatage, limonage, du drainage. — Irrigation, établissement d'un système d'irrigation. — Murs de soutènement des canaux, revêtements, radiers, déversoirs, barrage, siphon. — Des diverses méthodes d'arrosage. — Mise en culture des terrains à grandes pentes. — Jurisprudence rurale.

4-5. — Gayot (E.)., membre de la Société centrale d'Agriculture de France. — ✳ Guide pratique pour le bon aménagement des **HABITATIONS DES ANIMAUX**. Cet ouvrage se compose de 2 parties.

1ʳᵉ partie : ✳ les **ÉCURIES ET LES ÉTABLES**, 208 pages et 63 figures. 1 vol. . . . . 3 fr.

2ᵒ partie : ✳ les **BERGERIES ET LES PORCHERIES**, les habitations des animaux de la basse-cour, clapiers, oiselleries et colombiers. 355 pages et 65 figures. 1 vol. 3 fr.

Aucun animal ne saurait être développé dans ses facultés natives, dans ses aptitudes propres, et produire activement dans le sens de ces dernières, si on ne le place dans les meilleures conditions d'alimentation, de logement, de multiplication. M. Gayot, avec l'autorité d'une longue expérience, a réuni dans ces deux volumes les conditions générales d'établissements et les dispositions particulières aux diverses espèces d'animaux,

1ʳᵉ PARTIE. — Écuries et Étables. *Extrait de la table des matières.* — Le sujet à vol d'oiseau. — Des effets de l'air pur et de l'air vicié sur l'économie animale. — L'aération : les portes et fenêtres, barbacanes et ventilateurs. *Dispositions particulières aux diverses espèces* : les dimensions intérieures, encore les portes et fenêtres, de l'aire des écuries, le plancher supérieur des écuries, arrangement intérieur et ameublement des écuries, les séparations, les boxes, établissements spéciaux, la température des écuries. *Les étables de l'espèce bovine* : l'aération, l'aire des étables, les dimensions et l'aménagement intérieurs, les boxes, règle d'hygiène générale, établissements spéciaux.

2ᵒ PARTIE. — **Les Bergeries** : de l'habitation en plein air, le parc des champs, le parc domestique, les abris brise-vent. — DE L'HABITATION COUVERTE : conditions particulières à l'établissement des bergeries, les portes et fenêtres, l'aération, les bâtiments, les aménagements intérieurs, auges et râteliers. — LA PORCHERIE : les conditions spéciales, la construction, les portes et fenêtres, les aménagements essentiels, les auges, dispositions particulières de l'ensemble. — *Les habitations de la basse-cour* : l'habitation du dindon, l'habitation de l'oie, a demeure du canard, le colombier et la volière, la faisanderie, etc., etc.

6-7. — Pouriau (A.-F.), docteur ès sciences, ancien élève de l'École centrale, professeur à l'École d'agriculture de Grignon. — Éléments des **SCIENCES PHYSIQUES** appliquées à l'agriculture ; ouvrage divisé en deux parties. Chaque partie se vend séparément.

1ʳᵉ Partie. *Chimie inorganique*, suivie de l'étude des marnes, des eaux, et d'une méthode générale pour reconnaître la nature d'un des composés minéraux intéressant l'agriculture ou la médecine vétérinaire. 1 vol., 512 pages, 153 figures dans le texte et tableaux. . . . . 7 fr.

2° Partie. *Chimie organique*, comprenant l'étude des éléments constitutifs des végétaux et des animaux, des notions de physiologie végétale et animale, l'alimentation du bétail, la production du fumier. 1 vol. 541 pages, 65 figures dans le texte et tableaux. . . . . 7 fr.

M. Pouriau, aujourd'hui professeur et sous-directeur à l'École d'agriculture de Grignon, a été nommé secrétaire général de la Société d'agriculture de Lyon, à l'élection. Voilà quelques-uns des titres du savant professeur; quant à ses ouvrages, ils sont promptement devenus classiques et ils sont en même temps consultés avec fruit par tous les agriculteurs, les propriétaires, les gentils-hommes-fermiers et par tous les gens d'étude et les gens du monde. Pour cette dernière classe de lecteurs, nous citerons le passage de la préface qui indique que cet ouvrage a été en partie rédigé à leur intention :

« Mais, d'autre part, je conseille aux gens du monde, que de semblables détails ne peuvent que médiocrement intéresser, de laisser de côté ces paragraphes, pour reporter leur attention sur les autres chapitres.

« Enfin, toujours guidé par le désir de satisfaire aux besoins de chaque classe de lecteurs, j'ai indiqué, *en note et séparément*, la préparation des principaux corps étudiés, parce que cette branche du cours ne saurait être utile qu'à ceux en position de faire quelques manipulations.

« Si les amis de la science agricole me prouvent, par un accueil bienveillant fait à mon livre, que j'ai suivi la bonne voie, je leur en témoignerai ma reconnaissance en leur offrant successivement les autres parties de mon enseignement. »

---

8. — KIELMANN (C.-E.), directeur de l'Ecole agricole de Haasenfelde. — Guide pratique de **DRAINAGE**; résultats d'observations et d'expériences pratiques, traduit pour l'usage des agriculteurs français par C. Hombourg. 1 vol. 104 pages, avec figures dans le texte. . . . . 2 fr. »

La plupart des ouvrages publiés sur le drainage sont le résultat d'études théoriques que l'expérience n'a pas encore sanctionnées. M. Kielmann est entré dans une autre voie : il n'a eu recours à la théorie qu'autant que cela était nécessaire pour expliquer certains phénomènes. Comme il le dit dans sa préface, il voulait offrir à ceux qui commencent à s'occuper du drainage, et même au plus petit cultivateur, un livre à la lecture facile et surtout compréhensible.

Extrait de la table des matières. — Quels sont les terrains qui ont besoin d'être drainés. — De la fabrication des tuyaux, leur longueur, largeur et épaisseur. — Préparation d'une bonne matière pour la confection des tuyaux. — Machine à étirer les tuyaux, préparation de l'argile. — De la cuisson des tuyaux, des travaux préparatoires, nivellement des tranchées, circulation de l'air à travers les tuyaux. — De la quantité d'eau qui s'écoule par les drains, etc.

---

9. — GOBIN (H.). — Guide pratique d'**ENTOMOLOGIE AGRICOLE**, et petit traité de la destruction des insectes nuisibles. 1 vol., 279 pag. avec fig. dans le texte. 3 fr.

Ce traité, d'une lecture attrayante, possède un grand fond de science. Il se compose de lettres familières adressées à un nouveau propriétaire rural. Tous les insectes qui s'attaquent aux champs et à leurs produits et aux animaux y sont passés en revue, et, ce qui est mieux encore, l'auteur a indiqué le moyen de se débarrasser de cette engeance envahissante. Le livre est terminé par des nomenclatures scientifiques avec les noms français.

10. — SÉRIGNE (de Narbonne), membre de plusieurs sociétés savantes. — **LA VIGNE ET SES MALADIES**, contenant les causes et effets morbides depuis l'origine de sa culture jusqu'à nos jours, avec les moyens à employer pour les prévenir et les combattre. Précédé d'une description historique et botanique de cette plante précieuse, ainsi que d'une causerie sur l'oïdium et le phylloxera. 1 vol. in-18.. . . . . 3 fr.

SOMMAIRE DES PRINCIPAUX CHAPITRES. — Description historique. — Description botanique. — L'oïdium et le phylloxera. — Description historique de l'oïdium. — Maladies de l'oïdium. — Concours pour la guérison de l'oïdium. — Opinions émises sur l'oïdium. — L'oïdium est-il la cause de la maladie. — Remède adopté contre la maladie. — Effets du soufrage. — Causes réelles de la maladie. — Températures favorables ou nuisibles. — Influence des saisons et des météores. — Blessures ou plaies, blanquet ou pourridie, coulure, carniure, chancre vitifère, clavelée, chlorose ou hydroémie, décrépitude, flottage, grapillure, nielle, geule, stérilité. — Maladie des feuilles. — Pyrales. — Destruction de la pyrale à l'état de papillon, à l'état de larve ou chenille. — Moyens préventifs et moyens curatifs. — Destruction de la pyrale à l'état d'œuf, etc.

11. — GOSSIN (L.), cultivateur, professeur d'agriculture dans l'Oise. — Guide pratique des **CONFÉRENCES AGRICOLES**, accompagné d'un appendice comprenant des notes et des instructions pratiques puisées dans les Annales du Génie civil. 1 vol., XII-138 pages . . . . 1 fr.

(Ouvrage recommandé officiellement pour les écoles normales, etc.)

Dans les grandes villes, on tient des conférences ; M. Gossin a rêvé les conférences au village, des conversations intimes, familières, fructueuses. Dévoué depuis de longues années à l'enseignement rural, M. Gossin possède de plus l'art de la démonstration facile, et sa parole sympathique est écoutée avec plaisir et par conséquent avec fruit.

12. — SOURDEVAL (de). — **ÉLEVAGE ET DRESSAGE DU CHEVAL**. 1 volume. (*En préparation.*)

13. — BOURGOIN D'ORLI. — **CULTURES EXOTIQUES**, Guide pratique de la culture de la **CANNE A SUCRÉ**, du **CAFIER**, du **CACAOYER**, suivi d'un traité de la **FABRICATION DU CHOCOLAT**. 1 vol. de 254 pages . . . . . 4 fr.

14. — DUBOS (Ernest), vétérinaire de l'arrondissement de Beauvais, professeur de zootechnie à l'Institut agricole de la même ville. — Guide pratique pour le choix de la **VACHE LAITIÈRE**, 1 vol., 132 p. et 7 pl. . . . . 2 fr. 50

Les diverses méthodes pour le choix des vaches laitières sont résumées dans ce livre. Les agriculteurs et les éleveurs y trouveront l'indication des signes qui peuvent les guider pour la conservation et l'acquisition des animaux qui conviennent le mieux à leurs exploitations. — Les figures représentant les diverses races de vaches laitières qui sont remarquables.

Dans le chapitre premier, l'auteur s'occupe de la stabulation, de l'alimentation et du rendement. — Le chapitre deuxième est consacré à l'étude du lait, ses modifications et ses altérations. — Dans les autres chapitres, l'auteur donne des renseignements pour reconnaître les propriétés du lait, le moyen de reconnaître les falsifications, les qualités exigées de la servante de ferme et la manière de traire. — Dans les chapitres sixième et septième, il indique les caractères et les méthodes qui peuvent guider dans le choix des meilleures vaches laitières. Enfin il termine par un chapitre sur la castration des vaches.

15. — DUBIEF (L.-F.). — **L'IMMENSE TRÉSOR DES VIGNERONS ET DES MARCHANDS DE VIN**, indiquant des moyens inédits pour vieillir instantanément les vins, leur enlever les mauvais goûts, même celui de terroir, colorer les vins blancs en rouge Narbonne, même d'une manière hygiénique et sans aucun coupage, éviter leur dégénérescence, partant, plus de vins aigres, amers, gras ou poussés: découverte d'un agent supérieur à l'alcool pour le maintien, la conservation et l'expédition lointaine des vins, 3ᵉ édition revue, corrigée et considérablement augmentée, 1 vol. de 196 pages. . . . . 3 fr.

Extrait de la table des matières. — De la connaissance des vins. — Appréciation et dégustation. — De la distinction. — Du mélange ou du coupage. — Du vinage. — Amélioration des vins. — De l'imitation des vins. — De la confection des vins mousseux. — Du vin muet et de ses avantages. — Des vins de liqueurs et de leurs imitations. — Recettes et opérations des vins de liqueurs. — *Méthode du Midi.* — *Méthode de Paris.* — De la conservation des vins en fûts pleins et en vidange. — Du soufrage ou méchage. — Du collage pour la clarification. — Arome, sève, bouquet et goût de terroir. — Du gouvernement et de la conservation des vins — De la mise en bouteilles. — Des altérations. — Moyen de les prévenir et de les corriger. — Des altérations accidentelles et moyen de les guérir. — Disposition et conservation des tonneaux. — Contenance des fûts. — L'auteur termine son livre par une série de renseignements très utiles.

16. — **MÉTÉOROLOGIE AGRICOLE.** 1 vol. (*En préparation.*)

17. — MARIOT-DIDIEUX. — ✳ Guide pratique de l'**ÉDUCATEUR DES LAPINS**, ou Traité de la race cuniculine, suivi de l'Art de mégisser leurs peaux et d'en confectionner des fourrures. 1 vol., 156 pages. . . . . 2 fr. 50

L'industrie de l'éducation de la race cuniculine est créée et elle marche vers le progrès. C'est dans le but de la voir se propager dans les campagnes comme une des industries peut-être les plus propres à tarir les sources de la misère que l'auteur a publié cette nouvelle édition de son *Guide pratique*, en l'enrichissant d'un grand nombre de données nouvelles. En résumé, l'auteur démontre qu'aucune viande ne peut être produite à aussi bon marché que celle du lapin. L'auteur, en terminant sa préface, adjure les habitants des campagnes de se livrer à l'éducation des lapins, parce qu'ils y trouveront, sans beaucoup de soins, une source abondante de bien-être.

---

18. — MARIOT-DIDIEUX, vétérinaire en premier aux remontes de l'armée, membre et lauréat de plusieurs sociétés savantes. — ÉDUCATION LUCRATIVE DES POULES, ou traité raisonné de gallinoculture. 1 vol., 444 pages. 3 fr. 50

---

19. — MARIOT-DIDIEUX, vétérinaire. — Guide pratique de l'éducation lucrative des OIES et des CANARDS. 1 vol., 180 pages avec figures . . . . 2 fr. 50

L'éducation, la multiplication et l'amélioration des animaux qui peuplent les basses-cours ont fait depuis une quinzaine d'années de notables progrès. Répondant à un besoin de l'économie domestique, l'auteur de ces guides pratiques a voulu faire un traité complet de gallinoculture dans lequel, après des considérations historiques, anatomiques et physiologiques sur les poules. il décrit les caractères physiques et moraux de quarante-deux races, apprend à faire un choix parmi ces races si diverses et indique les moyens de conservation et de multiplication des individus. Des chapitres spéciaux sont consacrés aux maladies, à la pharmacie gallinée, à la statistique des poules et des œufs de la France, etc.

Dans la deuxième partie, l'auteur donne deux monographies à la fois utiles, instructives et amusantes. Il décrit les mœurs particulières de chaque espèce et indique le genre de nourriture favorable à leur multiplication et propre à donner des bénéfices aux éleveurs. Toutes ces notions, parsemées de données historiques, d'anecdotes, de réflexions philosophiques, offrent une lecture des plus attrayantes.

Les ouvrages de M. Mariot-Didieux sont au premier rang parmi ceux qui enrichissent notre bibliothèque. Aussi voulons-nous, pour en mieux faire ressortir le mérite, donner ici le sommaire des principaux chapitres :

1o *Gallinoculture.* — De la poule, son antiquité, son utilité, expositions, concours, anatomie, considérations physiologiques, des sensations, voix du coq, voix de la poule. — Choix des races. — Signes extérieurs de la ponte. — Considérations sur les races de poules. — Races françaises, hollandaises, belges, anglaises, espagnoles, italiennes, prussiennes.— Races asiatiques, indiennes, japonaises, indo-chinoises. — Races syriennes, africaines, américaines. — Races de l'Océanie. — Du croisement des races. — Dépenses et produits de la poule. — Du poulailler, de la cour, des œufs. Moyens de reculer, d'augmenter ou d'avancer la ponte. — Fécondation du coq. —Castration ou chaponnage des coqs. — De l'incubation. — Elevage des poulets. — Maladies des poules. — De la saignée. — Pharmacie. — Vente des produits, etc.

2o *L'oie.* — Histoire naturelle. — Races françaises, petite race, grosse race et leurs variétés au nombre de cinq. Races étrangères; elles sont au nombre de douze.— Produits de l'oie, du plumage, de la multiplication, des accouplements de la ponte, de l'incubation. — Eclosion, nourriture des oisons, nourriture ordinaire des oies. — Logement. — Engraissement. — Foies gras. — Manière de tuer les oies. — Commerce, vente, mégissage des peaux d'oies pour fourrures, — Maladies, hygiène.

3o *Du Canard.* — Histoire naturelle, mœurs. — Races françaises; elles sont au nombre de quatre. — Races étrangères, on en compte onze principales. — De la ponte. Manière d'augmenter la ponte. — De l'incubation naturelle. — Des canards mulets. — Nourriture et élevage des canetons, engraissement. — Vente des canetons. — Comment on doit tuer le canard. — Du plumage. — Habitation. — Maladies. — Hygiène, etc.

21. — Le **CHASSEUR MÉDECIN**, ou traité complet sur les maladies du chien, par M. Francis CLATER, vétérinaire anglais, traduit de l'anglais sur la 27e édition. 3e édition française, corrigée et augmentée, par M. Mariot-Didieux. 1 vol. 189 pages . . . . 2 fr.

Le succès que ce livre a eu en Angleterre (vingt-sept éditions) dispense de tout commentaire Le guide que nous avons placé dans notre Bibliothèque en est la troisième édition française. M. Mariot-Didieux, le savant vétérinaire, en acceptant la revision de cette édition, s'est attaché à supprimer dans le texte original des formules trop compliquées, à en simplifier d'autres et en ajouter de nouvelles. Ainsi entièrement refondu, l'ouvrage est véritablement un traité complet sur les maladies du chien, traité auquel un chapitre sur l'art de mégisser les peaux pour en faire des tapis sert de complément.

23.—COURTOIS-GÉRARD.—✳Manuel pratique de **CULTURE MARAICHÈRE**. 6o édit., augmenté d'un grand nombre de figures et de plusieurs articles nouveaux. Ouvrage couronné d'une médaille d'or par la Société centrale d'agriculture, d'une grande médaille de vermeil par la Société centrale d'horticulture. 1 vol. 440 pages, 89 figures dans le texte. . . . . 5 fr.

Outre les récompenses honorifiques qui viennent d'être mentionnées, l'auteur de ce manuel a obtenu une attestation qui garantit la valeur de son travail aux yeux du public, en même temps qu'elle constate l'exactitude de ses recherches et l'utilité des notions renfermées dans son ouvrage. Cette attestation émane de vingt-cinq jardiniers maraîchers de la ville de Paris qui, après avoir entendu la lecture du travail de M. Courtois-Gérard, déclarent qu'ils lui donnent toute leur approbation, comme étant conforme aux bonnes méthodes de culture en usage parmi eux, et autorisent l'auteur à le publier sous leur patronage.

Cet ouvrage est officiellement recommandé pour les écoles normales, etc. Cette nouvelle édition a été augmentée d'un chapitre sur la culture des porte-graines et d'un vocabulaire maraîcher.

Table des principaux chapitres :

Marais pour culture de pleine terre. — Marais pour culture de primeurs. — Analyse des terres. — De l'établissement d'un jardin maraîcher. — Engrais et pailles. — Outillage. — Diverses opérations. — La culture des porte-graines. — Destruction des insectes. — Des maladies des plantes. — Calendrier du maraîcher ou travaux manuels. — Vocabulaire du maraîcher.

32-33. — GOBIN (A.), ancien élève de l'École de Grand-Jouan, ancien directeur de la colonie pénitentiaire du

Val-d'Yèvres (Cher). — Guide pratique pour la **CULTURE DES PLANTES FOURRAGÈRES**. 2 vol., 680 pages avec 120 fig. dans le texte, se vendant séparément

1re partie. *Prairies naturelles, pâturages*, avec un appendice reproduisant la loi du 21 juin 1866 sur les associations agricoles. 284 pages avec nombreuses figures. 1 vol. 3 fr.

2e partie. *Prairies artificielles, plantes, racines*, 1 volume 388 pages et 87 figures. . . . . 3 fr.

Figure spécimen du *Guide pratique pour la culture des Plantes Fourragères*

Les fourrages sont la base de toute culture, et il est admis aujourd'hui, par tous les agriculteurs intelligents, que pour avoir du blé il faut faire des prés. M. Gobin, guidé par sa grande expérience, a voulu rédiger un guide tout pratique indiquant tout ce qui doit être observé pour obtenir les meilleurs résultats et éviter les dépenses inutiles : mais, comme il le dit dans sa préface, si le titre même de son livre lui a fait une loi de se restreindre à la culture des plantes fourragères et de s'abstenir de considérations scientifiques inutiles au but qu'il poursuit, il ne s'est pas interdit les applications pratiques des sciences, en tant qu'elles se rapportent à l'explication des phénomènes ou à l'amélioration des méthodes de culture. « C'est là, en effet, dit-il, ce que nous entendons par la pratique, et non point seulement la routine manuelle, qui consiste à savoir tenir les mancherons de la charrue, charger une voiture de gerbes ou manier la faux, celle-ci suffit à un ouvrier, celle-là est nécessaire au moindre cultivateur intelligent. »

Ce guide peut être considéré comme le résumé des leçons professées avec tant de succès par M. Gobin à l'*Ecole de Grignon*.

---

38. — Reynaud (Joseph), de Nîmes, négociant et manufacturier. — Guide pratique de la **CULTURE DE L'OLIVIER**, son fruit et son huile. 1 vol., 300 pages . . . . 4 fr.

Le livre de M. Reynaud est le fruit de trente-cinq années de durs travaux, de longues veilles, de nombreux voyages, de recherches patientes, de minutieuses expériences ; aussi les procédés de M. Reynaud n'ont-ils pas tardé à être pratiqués par tous les cultivateurs.

Extrait de la table des matières.—Origines, légendes et traditions de l'olivier. — Emploi, usages des produits de l'olivier. — Limites géographiques. — Description, place dans la nomenclature botanique ; variétés. — Meilleures pratiques de culture; maladies; insectes. Olives comestibles de table. — Fabrication de l'huile. — Expériences diverses; rendement ; sels anti-alcalineux. — Statistiques de la production des départements à oliviers.

---

40. — FLEURY-LACOSTE, président de la Société centrale d'agriculture du département de la Savoie, membre de plusieurs Sociétés savantes.—✻Guide pratique du **VIGNERON**, culture, vendange et vinification. 1 volume, 137 p.　3 fr.

M. Fleury-Lacoste est à la fois un homme instruit et un homme pratique. Son *Guide du Vigneron* sera consulté avec fruit, et l'on peut avec confiance en adopter les préceptes. Son Exc. M. le ministre de l'Agriculture, certes plus compétent que nous, vient d'engager M. Fleury-Lacoste à poursuivre ses études en souscrivant à cet excellent petit traité. C'est bien là le meilleur éloge que l'on puisse faire de cet ouvrage.

Dans la première partie, l'auteur donne les principes généraux pour la culture de la vigne basse : culture en ligne, orientation, la taille, le pinçage, les engrais, choix des cépages, 1re, 2e, 3e et 4e années.

La seconde partie, intitulée *Calendrier du Vigneron*, lui indique les travaux qu'il a à faire mensuellement. La culture des hautains sur treillages élevés dans les champs, remplit la troisième partie. — Quatrième partie : Nouvelles observations pratiques sur les phénomènes de la végétation de la vigne. — Cinquième partie : De la vendange et de la vinification : degré de maturité. — Du ban des vendanges. — Personnel. — Le nettoyage et l'écrasement des grains. — La cuve. — Le décuvage. — Enfin l'auteur termine en indiquant les soins à donner aux vins nouveaux et vieux.

---

41. — COURTOIS-GÉRARD, marchand grainier, horticulteur.—✻Manuel pratique de **JARDINAGE**, contenant la manière de cultiver soi-même un jardin ou d'en diriger la culture. 8e édition, 1 vol., 410 pages, 1 planche et de nombreuses figures dans le texte . . . . 5 fr.

Nous renvoyons à la note ci-dessus, accompagnant le *Manuel de culture maraîchère*, pour les titres de M. Courtois-Gérard à la confiance publique. Dans le *Manuel du jardinier*, les jardiniers de profession trouveront des conseils, des détails nouveaux et des renseignements pratiques qu'ils peuvent ignorer ; le propriétaire et l'amateur de jardin y puiseront des instructions précises et claires qui leur éviteront toute espèce de méprises et d'erreurs.

Sommaire des principaux chapitres :

Dispositions générales d'un jardin potager. — Calendrier. — Travaux de chaque mois. — Les outils. — Les défoncements. — Les fumiers. — Les arrosements. — Les couches. — Semis. — Repiquages. — Marcottes. — Boutures. — De la greffe. — De la conservation des plantes. — Les maladies des plantes potagères. — La culture des arbres fruitiers. — La culture des arbres d'agrément. — Destruction des animaux nuisibles, etc.

---

42. — KOLTZ (M.-J.), chevalier de l'ordre R. G. D. de la Couronne de chêne, agent des eaux et forêts, etc., etc. Guide pratique de la **CULTURE DU SAULE** et de son emploi en agriculture, notamment dans la création des oseraies et des saussaies, avec un appendice sur la **CULTURE DU ROSEAU**. 1 vol., 144 pages et 35 fig. dans le texte. . 2 fr.

Ce travail a pour objet de faire ressortir les avantages que procure la culture du saule dans les terrains qui lui conviennent, et qui, le plus souvent, ne peuvent être rendus productifs qu'à l'aide de cette essence ; M. Koltz donne donc le moyen de mettre en produit des terrains vagues. Dans certains parages, le roseau commun forme le complément obligé de l'osier ; l'appendice que.M. Koltz a consacré à cette plante renferme des détails intéressants, surtout pour les propriétaires de terrains aujourd'hui tout à fait improductifs.

Gravure spécimen du *Manuel pratique de Jardinage*. (Voir page 54.)

43. — SICARD. — Guide pratique de la CULTURE DU COTONNIER. 1 vol., 143 p., avec fig. dans le texte. 2 fr.

La culture du cotonnier ne peut convenir qu'à de certaines contrées. M. Sicard, qui l'a expérimentée avec succès et pendant de longues années dans les provinces du Midi et en Algérie, a publié cet ouvrage pour faire profiter le public de l'expérience qu'il avait acquise dans la culture de cet arbrisseau.

L'ouvrage est enrichi de dessins exécutés d'après la photographie et d'une exactitude rigoureuse.

48. — LUNEL (docteur). — Guide pratique de l'ACCLIMATATION DES ANIMAUX DOMESTIQUES, étude des animaux destinés à l'acclimatation, la naturalisation et la domestication : Animaux domestiques, méthodes de perfectionnement, mammifères, oiseaux, poissons (*Piscicul-ture*), insectes (vers à soie); précédée de considérations générales sur les climats et de l'Exposé des diverses classifications d'histoire naturelle, etc. 1 volume 188 pages, avec figures dans le texte. . . . . 3 fr.

M. le docteur Lunel a résumé les notions concernant l'acclimatation disséminées dans un grand nombre d'ouvrages volumineux. Ce livre sera consulté avec fruit par toutes les personnes qu'intéresse la grande question de l'acclimatation. Il peut être considéré comme un guide sûr dans les jardins d'acclimatation où sont réunies toutes les races d'animaux indigènes et étrangères. Ce livre donne d'une manière concise et substantielle les notions usuelles nécessaires pour l'étude des animaux destinés à l'acclimatation, la naturalisation et la domestication.

52. — FRAICHE (Félix), professeur de sciences mathématiques et naturelles. — Guide pratique de l'**OSTRÉICULTEUR**, ou Culture des huîtres et procédés d'élevage et de multiplication des **RACES MARINES COMESTIBLES**, histoire naturelle des mollusques et des crustacés. — Causes du dépeuplement progressif des bancs d'huîtres. — Industrie et procédés actuels. — Construction des claires, parcs, viviers, etc. — Exploitation des claires. — Culture des moules. — Élevage des homards, langoustes, etc. 1 vol., 175 pages, avec figures dans le texte . . . . 3 fr

Les chemins de fer et la navigation, en diminuant les distances, ont créé pour les races marines comestibles des débouchés qui leur avaient manqué jusqu'alors. De là et d'autres causes que M. Fraiche indique, l'appauvrissement des bancs d'huîtres. L'auteur, qui s'est inspiré des travaux de M. Coste, démontre que l'ostréiculture est une industrie facile à créer et à développer, et qui donne des résultats rémunérateurs à ceux qui savent l'exploiter.

53. — TOUCHET (J.-H.), chef de service à la compagnie Richer. — Guide pratique de la **VIDANGE AGRICOLE**, à l'usage des agronomes, propriétaires et fermiers. Richesse de l'agriculture. Description de moyens faciles, économiques, salubres et pratiques, de recueillir, de désinfecter et d'employer utilement en agriculture l'engrais humain. 2° édition. 1 volume de 88 pages avec figures . . . 1 fr.

Ce Guide, en ce qui concerne les vidanges et les différentes manières d'employer l'engrais humain, est le résumé des meilleures méthodes pratiquées actuellement. Les constructeurs, les entrepreneurs, les propriétaires, les fermiers y trouveront tous des indications utiles. M. Touchet enseigne aux agronomes de la grande et de la petite culture des moyens simples et peu coûteux de se procurer de riches fumiers, de précieux engrais, richesses trop souvent négligées et perdues pour l'agriculture.

55. — Pouriau (A.-F.). — Manuel du **CHIMISTE-AGRI-CULTEUR**. 1 vol., 460 pages, 148 figures dans le texte et de nombreux tableaux, suivi d'un appendice..... 6 fr.

Ce volume forme en quelque sorte le complément de la *Chimie organique* et de la *Chimie inorganique*. Il fait connaître les diverses manipulations qui sont décrites avec un très grand soin. Il contient, en outre, un grand nombre d'indications d'une utilité toute pratique.

L'intention de l'auteur en le publiant a été d'offrir aux personnes qui s'occupent de chimie agricole un guide renfermant la description des méthodes les plus simples à suivre dans l'analyse des divers composés naturels ou artificiels qui sont du domaine de l'agriculture. Désireux de mettre son livre à la portée de tout le monde, l'auteur a toujours eu le soin, dans l'exposé de ses méthodes, d'établir deux catégories d'essais. Les unes essentiellement pratiques et accessibles à tous, et les autres plus exactes et qui exigent une plus grande habitude des manipulations chimiques.

56. — Lerolle (Léon), ancien élève de l'Ecole d'agriculture de Grand-Jouan, membre de la Société d'horticulture de Marseille. — *Traité pratique et élémentaire de **BOTANIQUE** appliquée à la culture des plantes. 1 vol, VIII-464 p., 108 figures dans le texte.......... 6 fr.

L'étude de la vie des plantes et celle de leur culture ont pris un grand développement. L'auteur a voulu présenter au lecteur un traité de botanique, simple dans sa forme quoique rigoureusement exact au fond, afin d'instruire le cultivateur sur les phénomènes qui s'accomplissent chaque jour dans ses champs, ses forêts, ses jardins. On surcharge chaque jour le vocabulaire botanique : entre vingt noms différents servant à désigner le même organe, l'auteur a choisi ceux les plus vulgairement connus et s'est bien gardé surtout d'en inventer de nouveaux.

Extrait de la table : De la germination des graines, choix et conservation des graines. — De la végétation des plantes, des bourgeons. — Phénomènes souterrains, phénomènes aériens, phénomènes anatomiques de la végétation. — Nutrition des végétaux, nature des substances absorbées par les racines, sécrétion, transpiration. — Agents essentiels de la végétation. — De la reproduction des plantes, du périanthe, des étamines, du pistil, des ovules. — Floraison. — Fécondation. — Fructification. — Granification.

NOTA. — Les ouvrages marqués d'un ※ ont été choisis par le ministère de l'Instruction publique pour faire partie des catalogues des bibliothèques publiques scolaires. Le deuxième *, plus petit, désigne les ouvrages choisis pour être distribués en prix.

Série I

ÉCONOMIE DOMESTIQUE, COMPTABILITÉ, LÉGISLATION, MÉLANGES

1. — Dubief (L.-F.). — Guide pratique de la **FABRICATION DES VINS FACTICES** et des boissons vineuses en général, ou manière de fabriquer soi-même les vins, cidres, poirés, bières, hydromels, piquettes et toutes sortes de boissons vineuses, par des procédés faciles, économiques et des plus hygiéniques. 1 volume . . 2 fr.

M. Dubief a publié ce petit ouvrage, non seulement pour venir en aide aux personnes économes, mais encore, et plus, pour celles dont l'économie est une nécessité. Si elles suivent les prescriptions qui y sont indiquées, elles peuvent être assurées de bien fabriquer elles-mêmes et avec facilité toutes sortes de vins, bières, cidres, etc. Ainsi, il traite la cuvée des vins de raisin fabriqués avec le marc, avec sirop de sucre, de fécule. — Vin rouge de sucre. — Vin mousseux, de fruits : cerises, prunes, groseilles, etc., etc. — Vins de grains, céréales, etc. — Toutes les formules et les procédés indiqués par l'auteur sont simples et faciles, et il suffit de les avoir lus pour les mettre en pratique.

2. — Lunel (le docteur B.), médecin-chimiste, membre des Académies des sciences de Caen, de Chambéry, etc., ancien professeur de chimie et d'histoire naturelle. — Guide pratique d'**ÉCONOMIE DOMESTIQUE**, publié sous forme de dictionnaire, contenant des notions d'une *application journalière* : chauffage, éclairage, blanchissage, dégraissage, préparation et conservation des substances alimentaires, boissons, liqueurs de toutes sortes, cosmétiques, soins hygiéniques, médecine, pharmacie, etc., 1 vol. 227 p. 2 fr.

L'économie domestique, longtemps dédaignée, s'est élevée aujourd'hui au point de devenir elle-même une science. Le Guide de M. le docteur Lunel, sous la forme commode du dictionnaire, constitue une véritable encyclopédie de cette science nouvelle.

3. — GERMINET (Gustave). — **LE CHAUFFAGE PAR LE GAZ** considéré dans ses diverses applications, science, industrie et usages domestiques, suivi d'une notice sur les *Moteurs à gaz.* 1 vol. de XV-237 p. avec 126 fig. . .   4 fr.

EXTRAIT DE LA TABLE DES MATIÈRES. — Chapitre Ier. Historique. — Origine et développement du chauffage par le gaz. — Appréciations sur la chaleur développée par le gaz. — Applications du gaz au chauffage domestique et emploi dans l'industrie. — II. *Nature du gaz;* ses propriétés calorifiques, etc. — III. *Arrivée et distribution du gaz dans les appartements.* — Epreuve des conduits et des appareils. — Alimentation. — Diamètres proportionnels des tuyaux destinés à alimenter des appareils de chauffage. — Tuyaux et raccords pour mobiliser les appareils. — Ventilation des pièces d'habitation. — IV. *Chauffage culinaire.* Description des brûleurs et des appareils. — Emploi du gaz à la cuisson des aliments. — Expérience de cuissons, bouillis et à la casserole. — Rotisserie des viandes au gaz et au charbon de bois, etc. — V. *Chauffage de pièces d'habitation.* Cheminées. — Foyers à réflecteurs. — Poêles. — Calorifères. — VI. *Appareils divers de chauffage au gaz servant aux usages domestiques.* — Appareils de bains. — Brûloir de café. — Etrille brûle-poils. — Etuve et chauffe-assiette. — Fourneaux pour fers à repasser. — Appareils chauffant et éclairant. — VII. *Chauffage industriel.* — Apprêts des tissus. — Chapellerie. — Emaillage et soufflage du verre. — Affinage et fusion des métaux. — Liquoristes, marchands de vins, etc. Pharmaciens. — VIII. *Appareils pour laboratoires.* — Chandelle à mélange d'air. — Réchaud avec brûleur dosage d'air. — Fourneau pour calcination. — Chalumeaux à souder et appareils à fondre les métaux. — Distillation, etc. — IX. *Production de l'électricité par la combustion du gaz.* — Piles thermo-électriques Clamond. — X. *Les moteurs à gaz.* — Machine à gaz verticale, etc., etc.

---

4. — DUBIEF (L.-F.). — Le **LIQUORISTE DES DAMES** ou l'art de préparer en quelques instants toutes sortes de liqueurs de table et des parfums de toilette avec toutes les fleurs cultivées dans les jardins, suivi de procédés très simples et expérimentés pour mettre les fruits à l'eau-de-vie, faire des liqueurs et des ratafias, des vins de dessert, mousseux et non mousseux, des sirops rafraîchissants, etc., un volume de 120 pages, avec figures dans le texte.   3 fr.

Ce que nous avons dit des précédents ouvrages de M. Dubief nous dispense de nous étendre sur celui-ci. C'est aux dames qu'il s'est adressé, et l'accueil qu'il en a obtenu prouve suffisamment combien il est utile dans toute bibliothèque de ménage.

---

5. — HIRTZ (Elisa). — Méthode de **COUPE ET DE CONFECTION DE VÊTEMENTS DE FEMMES ET D'ENFANTS.** — Travaux à aiguille usuels. — Cours de couture en blanc. — Raccommodage. — Méthode de **TRICOT.** — Art de la coupe et de la confection en général. 1 vol. de 297 pages avec 154 figures . . . . 3 fr. 50

6. — DUFRENÉ (H.), ingénieur civil, ancien élève de l'Ecole des arts et manufactures. — Les droits des **INVEN-TEURS EN FRANCE ET A L'ÉTRANGER**. Conseils généraux. — Brevets d'invention. — Péremption. — Vente. — Licences. — Exploitation. — Géographie industrielle. — Marques de fabrique. — Dessins. — Objets d'utilité. 1 volume de 108 pages . . . . 3 fr.

7. — ÉMION (Victor). — **LA LIBERTÉ ET LE COURTAGE DES MARCHANDISES**, commentaire pratique de la loi du 18 juillet 1866. (*Épuisé.*)

8. — BAUDE (L.). **CALLIGRAPHIE**. — Cours d'écriture avec 32 planches. 1 vol. . . . . 5 fr.

SOMMAIRE : Objets et instruments nécessaires pour écrire. — Formes et variante de l'écriture anglaise. — De la manière de tenir la plume. — Principes généraux de l'écriture anglaise. — Des différentes grosseurs d'écriture. — Majuscules. — Minuscules. — Chiffres. — De l'expédiée ou cursive anglaise. — Des écritures fortes : Bâtarde, Coulée, Ronde et Gothique. — *De l'emploi dans l'écriture des accents, de la ponctuation et autres signes.*

9. — LESCURE (O.), professeur à l'Ecole centrale d'architecture. — **TRAITÉ DE GÉOGRAPHIE** physique, ethnographique et historique à l'usage des artistes, des écoles d'architecture et des gens du monde, 1 vol., 351 p. .   3 fr.

Ce traité est le développement du programme de géographie sur lequel sont interrogés les candidats à l'Ecole spéciale d'architecture. C'est un ouvrage adopté aujourd'hui pour toutes les écoles professionnelles.

10. — BLOCK (Maurice). — ✳ Premiers principes de **LÉGISLATION PRATIQUE** appliquée au **COMMERCE**, à l'**INDUSTRIE** et à l'**AGRICULTURE**. 1 vol. in-18. . .   4 fr.

11. — Manuel du **CAISSIER**. Traité théorique et pratique des PAIEMENTS et RECETTES. (*En préparation.*)

12. — EMION (Victor), avocat à la cour de Paris, ancien sous-préfet. — Manuel pratique et juridique des **EXPRO-PRIÉS POUR CAUSE D'UTILITÉ PUBLIQUE**, suivi de deux tableaux donnant le chiffre de la valeur du mètre de terrain dans Paris, et faisant connaître les principales indemnités accordées aux industriels, négociants et commerçants expropriés. 1 volume, 125 pages . . . . .   1 fr.

Ce manuel est un résumé des règles pratiques que les expropriés ont intérêt à connaître pour se diriger dans la défense de leurs droits. En étudiant ce manuel, les expropriés sauront qu'avant de se présenter devant le jury, ils n'ont que peu ou point de formalités à remplir et *pas de frais* à débourser. Ils

y apprendront encore qu'en général les traités souscrits d'avance avec des intermédiaires ne sont *habituellement* avantageux *que pour ceux qui con-
tractent avec l'exproprié.*

14. — LUNEL (Victor). — Guide pratique d'**HYGIÈNE ET DE MÉDECINE USUELLE**, complété par le traitement du *choléra épidémique.* 1 vol. 209 pages. . . . . 2 fr.

Ce livre ne s'adresse à aucune spécialité de lecteurs et convient à tout le
monde. Il se subdivise en hygiène privée et en hygiène publique. Dans la première partie, l'auteur examine dans quelle mesure l'homme qui veut conserver
sa santé doit, selon son âge, sa constitution et les circonstances dans lesquelles
il se trouve, user des choses qui l'environnent et de ses propres facultés,
soit pour ses besoins, soit pour ses plaisirs. Dans la seconde, il s'occupe de
tout ce qui concerne la salubrité publique. Un chapitre spécial est consacré
à la médecine des accidents.

Figure spécimen de la *Calligraphie*. (Voir page 60.)

16. — D'OMALLIUS D'HALLOY (le baron J.). — ※ Manuel pratique d'**ETHNOGRAPHIE**, ou description des races humaines; les différents peuples, leurs caractères naturels, leurs caractères sociaux, divisions et subdivisions des différentes races humaines. 5° édition. 1 volume, 127 p., avec une planche représentant les principaux types. 4 fr.

Extrait de la table des matières. — De l'ethnographie en général. — De la
race blanche. — Du rameau européen, du rameau armónien, du rameau scyti-
que. — De la race brune, du rameau éthiopien, du rameau indou, du rameau
indochinois, du rameau malais. — De la race rouge, du rameau hyperboréen,
du rameau mongol, du rameau sinique. — De la race noire. — Des hybrides.
— Tableaux de la division du genre humain en races, rameaux, familles et
peuples.

Série J

FONCTIONS POLITIQUES ET ADMINISTRATIVES
EMPLOIS DE L'ÉTAT, DÉPARTEMENTAUX ET COMMUNAUX, SERVICES PUBLICS

1. — Mortimer d'Ocagne. — **LES GRANDES ÉCOLES DE FRANCE**. Écoles militaires, écoles civiles. 1 vol. 3 fr.

2. — Mortimer d'Ocagne. — **LE CHOIX D'UNE CARRIÈRE**. 1 vol. (*En préparation.*)

3. — Albiot (J.) (*Code départemental.*) Manuel **DES CONSEILLERS GÉNÉRAUX**. Loi organique des conseillers généraux, avec les commentaires officiels. 1 vol. de 152 pages. . . . . 4 fr.

Cet ouvrage peut être considéré comme un aide-mémoire à l'aide duquel les personnes notables appelées, en qualité de conseillers généraux, à discuter les intérêts de leur département, trouveront de nombreux renseignements relatifs à la législation qu'ils auront à appliquer.

4. — **MANUEL DES CONSEILLERS COMMUNAUX**. 1 vol. (*En préparation.*)

6. — Lelay (Eugène). capitaine des douanes. — Recueil abrégé des lois et règlements sur la **DOUANE**, son organisation, son personnel et ses brigades. 1 volume 700 pages . , ... 4 fr.

Table des Matières. — *Des Douanes et de leur organisation.* — *Attributions du personnel* — *Service Actif ou des Brigades.* — *Lois générales relatives au personnel.*

7. — Laffolay (E.), inspecteur de l'octroi en retraite. Nouveau manuel des **OCTROIS**. 1 vol. de xiv-408 pages avec tableaux. . . . . 4 fr.

Observations concernant la rédaction des procès-verbaux. — Formulaire pour la rédaction des procès-verbaux les plus usuels en matière d'octroi, en matière de contributions indirectes et d'octroi et en matières de contributions indirectes inclusivement.

Série K

BEAUX-ARTS, DÉCORATION, ARTS·GRAPHIQUES

1. — INTRODUCTION A L'ÉTUDE DES BEAUX-ARTS.
1 vol. (*En préparation.*)

2. — VIOLLET-LE-DUC. — ✳ Comment on devient un
DESSINATEUR. 1 vol. de 310 pages orné de 110 dessins par l'auteur et d'un portrait de Viollet-le-Duc. . . 4 fr.

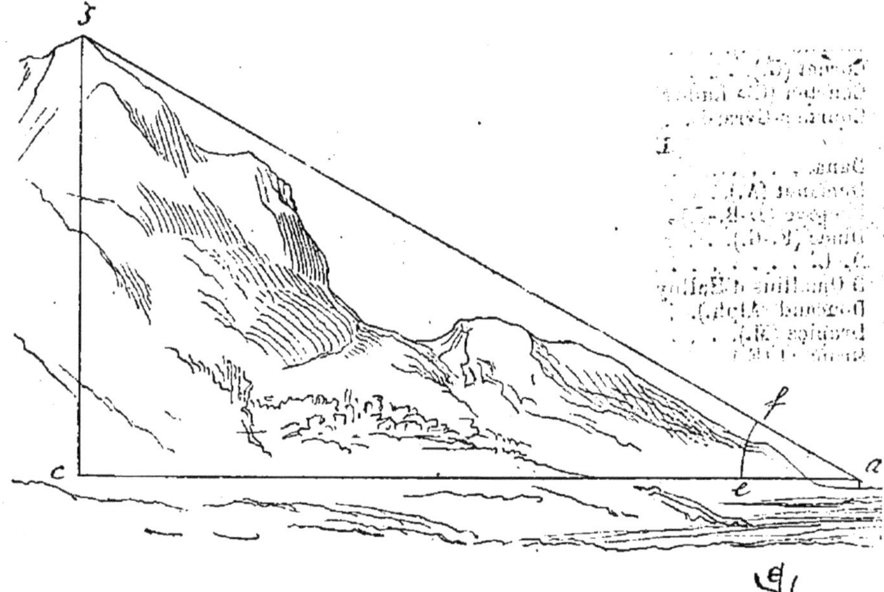

Gravure spécimen de « *Comment on devient un dessinateur.* »

EXTRAIT DE LA TABLE DES MATIÈRES. — Notables découvertes. — Comment il est reconnu que la géométrie s'applique à plusieurs choses. — Autres découvertes touchant la lumière et la géométrie descriptive. — Où on commence à voir. — Une leçon d'Anatomie comparée. — Opérations sur le terrain. — Cinq ans après. — Où une vocation se dessine. — Douze jours dans les Alpes. — Conclusion.

3. — PELLEGRIN (V.), peintre. — Théorie pratique de la
PERSPECTIVE. Étude à l'usage des artistes peintres, des élèves des Écoles des beaux-arts, des Écoles industrielles, etc. 1 vol. de 90 pages, 42 fig. et 1 pl. de 16 fig. 4 fr.

TABLE DES NOMS D'AUTEURS

PAR ORDRE ALPHABÉTIQUE

Imprimeries réunies, C. rue du Four, 54 bis, Paris — 2960.

www.ingramcontent.com/pod-product-compliance
Ingram Content Group UK Ltd.
Pitfield, Milton Keynes, MK11 3LW, UK
UKHW020151130726
13696UKWH00002B/456